U0185607

西安城区地下水源
热泵系统 THCM 模型研究

尚潇瑛　曲　艳　徐春燕　党书生　祝晓彬　等编著

黄河水利出版社
·郑州·

内 容 提 要

本书针对水源热泵系统不同运行方式对四场因子(渗流场、温度场、化学场、应力场)的影响进行了研究。通过现场监测及试验,建立砂槽模型及THCM数学模型,分析不同方案对四场因子的影响程度,运用西安已有水源热泵系统运行数据对模型进行验证,从而提出适宜可行的抽灌井布置方案,确定最优抽灌方式和合理抽灌比,提出地下水源热泵系统抽灌井间距以及抽灌井距建筑物的最优安全距离。

本书可供从事地下水源热泵系统研究和建设管理人员及相关专业师生学习参考。

图书在版编目(CIP)数据

西安城区地下水源热泵系统 THCM 模型研究/尚潇瑛等编著. —郑州:黄河水利出版社,2020.7
ISBN 978 - 7 - 5509 - 2697 - 4

Ⅰ.①西… Ⅱ.①尚… Ⅲ.①地下水资源 - 水源热泵 - 系统模型 - 研究 - 西安 Ⅳ.①TV211.1

中国版本图书馆 CIP 数据核字(2020)第 103870 号

出 版 社:黄河水利出版社

　　地址:河南省郑州市顺河路黄委会综合楼 14 层

网址:www.yrcp.com

邮政编码:450003

发行单位:黄河水利出版社

　　发行部电话:0371 - 66026940、66020550、66028024、66022620(传真)

　　E-mail:hhslcbs@ 126. com

承印单位:河南新华印刷集团有限公司

开本:787 mm × 1 092 mm　1/16

印张:12.75

字数:295 千字

印数 1—1 000

版次:2020 年 7 月第 1 版

印次:2020 年 7 月第 1 次印刷

定价:49.00 元

前　言

　　水源热泵是地源热泵中的一种,属于浅层地温能。水源热泵以水为冷热源,又分为地表水源热泵系统和地下水源热泵系统。地下水源热泵是利用地下水冬暖夏凉的特点,以地下水源热泵机组代替传统的锅炉和制冷机组,并以水为储存和提取能量的基本介质。冬季从地下水中提取热量转移到建筑物中,夏季将建筑物中的热量转移到地下水中,在地下水抽出—能量交换—回灌的循环过程中,达到调节室内温度的目的。地下水源热泵属可再生能源,是一种环保、节能、新型的能源利用技术。因此,在美国、瑞典、瑞士、德国等欧美发达国家,水源热泵开发利用效果较好、市场发展迅速。

　　我国地下水源热泵应用始于20世纪90年代中后期。2006年1月1日,《中华人民共和国可再生能源法》开始正式实施。地热能开发与利用被明确列入新能源鼓励发展范围。近年来,西安市地热能应用得到了快速发展。由于缺乏相应的技术规范和管理规定,水源热泵用水井的布置、回灌水温度控制均由施工和管理单位借鉴相关经验自行决定,没有统一的规定和管理要求,致使一些已成水源热泵系统的运行现状不尽如人意。水源热泵井抽出水不能100%回灌地下,地下水回灌率低,使含水层压密,造成地面及周围建筑物沉降;此外,还存在地下水热污染和化学污染、热贯通、地下水资源浪费等问题。因此,在西安市水务主管部门支持下,我们开展了西安城区地下水源热泵系统THCM(渗流场、温度场、化学场、应力场)模型初步研究。

　　地下水源热泵系统所涉及的物理场主要是渗流场、温度场、化学场和应力场,四个物理场之间是相互联系、相互耦合关系。目前国内已有研究多是从单一角度对水源热泵系统进行分析研究,对地下水渗流中地温场、化学场、应力场影响的研究极少,缺乏对影响地下水源热泵系统各因素间耦合作用的研究。因此,我们通过现场监测及试验同时建立砂槽模型及THCM数学模型,分析不同方案对四场因子的影响程度,运用西安已有水源热泵系统运行数据对模型进行验证,从而提出了适宜可行的抽灌井布置方案,确定最优抽灌方式和合理抽灌比,提出了地下水源热泵系统抽灌井间距以及抽灌井距建筑物最优安全距离,以期为西安城区水源热泵系统建设管理提供参考依据。

　　本书编写人员及编写分工如下:尚潇瑛编写第1章、第3章、第6章、第7章;曲艳编写第2章;党书生、尚潇瑛、徐春燕编写第4章;祝晓彬、徐春燕编写第5章。此外,冯普林、白少智、詹牧、张蓉、刘俊、雷波、孟阳、许勇等分别承担了有关章节的部分资料整理及图表绘制工作。

　　限于时间和作者水平,本书疏漏之处在所难免,请读者批评指正。

作　者

2019年12月

目　录

第 1 章 概 述

1.1 项目背景

　　水源热泵是地源热泵中的一种,属于浅层地温能。水源热泵以水为冷热源,又分为地表水源热泵和地下水源热泵。地下水源热泵是利用地下水冬暖夏凉的特点,以地下水源热泵机组代替传统的锅炉和制冷机组,并以水为储存和提取能量的基本介质。在冬季从地下水中提取热量转移到建筑物中,在夏季将建筑物中的热量转移到地下水中,在"地下水抽出—能量交换—回灌"的循环过程中,达到调节室内温度的目的。地下水源热泵属于可再生能源,是一种环保、节能、新型的能源利用技术。

　　我国是一个能源短缺的国家,政府部门十分重视浅层地温能开发利用工作,2006 年 1 月 1 日《中华人民共和国可再生能源法》开始正式实施。地热能的开发与利用被明确列入新能源所鼓励发展的范围。2005 年 11 月 29 日,国家发展和改革委员会制订并颁布了《中华人民共和国可再生能源产业发展指导目录》,"地热发电、地热供暖、地源热泵供暖或空调、地下热能储存系统"被列入重点发展项目;"地热井专用钻探设备、地热井泵、水源热泵机组、地热能系统设计、优化和测评软件、水的热源利用"等被列为地热利用领域重点推荐选用的设备。2006 年 9 月 4 日,财政部、建设部关于印发《可再生能源建筑应用专项资金管理暂行办法》(财建〔2006〕460 号)的通知。该办法第四条专项资金支持的重点领域包括利用土壤源热泵和浅层地下水源热泵技术供热制冷、地表水丰富地区利用淡水源热泵技术供热制冷、沿海地区利用海水源热泵技术供热制冷、利用污水源热泵技术供热制冷。2006 年,陕西省研究制定了《陕西省节约能源条例》,鼓励利用地热能、太阳能等可再生能源,同时设定了地源热泵推广办公室加大对地源热泵技术的推广应用,省建设厅已将地源热泵列为 2008 年重点推广项目,并出台了相关的规定。2007 年 5 月 23 日,国务院发布《国务院关于印发节能减排综合性工作方案的通知》(国发〔2007〕15 号),明确提出,"要大力发展可再生能源,抓紧制订出台可再生能源中长期规划,推进风能、太阳能、地热能、水电、沼气、生物质能利用以及可再生能源与建筑一体化的科研、开发和建设,加强资源调查评价。"2007 年 7 月,沈阳市出台了《地源热泵系统建设应用管理办法》。2008 年 12 月,国土资源部印发了《关于大力推进浅层地热能开发利用的通知》。2009 年 7 月,财政部、住房和城乡建设部下发了《关于印发可再生能源建筑应用城市示范实施方案的通知》。

　　水源热泵开发利用效果较好、市场发展最迅速的是欧美发达国家,包括美国、瑞典、瑞士、德国、加拿大、奥地利、法国和荷兰等。我国地下水源热泵应用始于 20 世纪 90 年代中后期。目前国内的基础研究工作多是从单一角度对水源热泵系统进行研究,但是对地下水在渗流中对地温场、化学场、应力场影响所进行的研究极少,特别是没有全方位、较系统的对影响地下水源热泵系统的各个因素之间的耦合作用进行研究。地下水源热泵系统所涉及的物理场主要是渗流场、温度场、化学场和应力场,四个物理场之间是相互联系、相互耦合的关系。因此,从渗流场、温度场、化学场、应力场相互耦合作用的角度来研究地下水源热泵系统中的含水层各场的演化规律才是合理的,才有可能进一步揭示地质系统中溶质运移的规律,进而为地下水源热泵系统运行提供更科学的依据,对促进地下水源热泵系统的开发、应用具有重要的意义。

近年来水源热泵系统在我国应用越来越广泛,在西安市也得到了快速应用和发展,迄今已有地下水源热泵地温空调井项目 36 个,目前 19 个水源热泵系统正常运行。但是由于缺乏相应的技术规范和管理规定,水源热泵用水井的布置、回灌水温度控制均是由施工单位借鉴外来的经验自行决定,没有统一的规定和管理,一些已建成的水源热泵系统的运行现状不尽如人意。水源热泵井抽出的水量不能做到 100% 的回灌,地下水回灌率低,从而使含水层压密,造成地面及周围建筑物的沉降,此外还存在地下水的热污染和化学污染、热贯通、地下水资源浪费等问题。为此有必要系统地研究地下水源热泵系统各物理场之间的耦合机制,并建立 THCM(渗流场、温度场、化学场、应力场)耦合模型,明确系统不同运行方式对地下水回灌水质(包括水温)的影响、分析水质随时间及空间变化规律等;确定最优的抽灌方式和合理的抽灌比;提出抽灌井间距以及抽灌井距建筑物的最优安全距离,从而解决西安市地下水源热泵系统应用中所出现的问题,并为西安市水源热泵的建设提供管理依据。

鉴于此,西安市市级单位政府采购中心受西安市水务局的委托,经政府采购管理部门批准,按照政府采购程序,对西安市水务局地下水源热泵系统 THCM 模型初步研究项目进行公开招标,陕西省河流工程技术研究中心中标承担了此项工作。

1.2 研究基础

1.2.1 国内外研究现状

1.2.1.1 水热(TH)耦合研究现状

TH 耦合即水热耦合,在许多地质科学领域如地源热泵、土壤水汽蒸发、冻土研究、地热井的开采利用等方面主要考虑这两场之间的耦合关系,这方面的研究也相对进行的较早。在国内,谭贤君等根据冻融循环条件下岩体水分‐热量迁移的基本规律,建立考虑热传导、相变潜热、渗流速度的低温岩体温度场和渗流场耦合控制方程。孙福宝等通过对黄河流域 63 个子流域的年降水、径流深和蒸发能力的分析,证实了基于 Budyko 假设的流域水‐热耦合平衡关系并提出估算模型对应参数的经验公式。韩松俊等通过建立绿洲水‐热耦合平衡模型,分析塔里木盆地内沙漠绿洲的水资源转化消耗规律,验证其水热耦合平衡关系。孟春雷针对陆面过程模式中土壤蒸发与水热耦合传输,建立了土壤水‐热耦合传输模式,讨论了其对土壤温度、土壤湿度及土壤蒸发等模拟结果的影响。王成基于 TOUGH 模拟软件及对 BORDEN 储能试验、沈阳市中兴商业大厦工程实例模拟计算,分析了群井抽灌下含水层水‐热耦合模型及其影响因素。孙昭首等介绍了几种典型的土壤

水 – 热耦合模型及其特点,分析了一些特定区域的检验效果,并探讨了土壤水 – 热耦合模型存在的问题及发展方向。

在国外,R. L. Harlan 分析了非饱和局部冻土中水分的迁移,构建数值模型计算多孔介质中含冻结及融化过程的 TH 耦合过程,结果显示水由土向上到冻结区域的运移速度,粗纹理土内比细纹理土内高,且随地下水位降低而降低。Taylor 等通过整理前人试验数据对 Harlan 模型进行修正,模拟分析冻土中的水热流动规律。Anderson 等分析了寒区工程场地冻土的物理和热力学属性。同时,一些学者展开了称为"热渗耦合"的试验及理论研究,如 2000 ~ 2003 年 Okstate 大学的 Spite 团队、2001 年 Witte、2007 年 Min li 以及 2007 年 Hikari Fujii 等。

1.2.1.2　流固(HM)耦合现状

自 19 世纪晚期以来,人们逐渐意识到地壳中的 HM 相互作用。最早的现象包括观察井中水位受潮汐荷载或过往火车而引起的水位波动,以及由于抽取地下水、石油和天然气引起的地表沉降。众所周知,在岩土工程中,最早对于流固耦合问题的研究为土的固结。1923 年,太沙基首先将渗流与多孔介质变形之间建立了联系,即有效应力原理,据此提出了土的一维固结模型。在他的基础上,比奥等进一步建立了相对比较完善的三维固结理论,其假设材料为各向同性、为线弹性范围的小变形、多孔介质饱和且孔隙中的流体不可压缩并满足达西定律,分析三向变形材料与孔隙流体压力的作用关系。从此以后,各国学者基于 Biot 的理论开展流固耦合研究,如 Verruijt 针对含水层变化,以及 Rice and Cleary 针对物理常量定义的分析。而逐渐发展起来的水力压裂理论,被认为是一种原位地应力的测试手段。当最小有效压应力等于岩石的张应力时,钻孔壁开始破裂。这项技术还被广泛用于在石油工程中生成及控制裂隙分布,提高产量。

在 20 世纪 60 年代早期,由于一系列工程问题,如大坝失稳、山体滑坡、地下流体注入引发的地震等事件,有关裂隙岩体中的 HM 耦合现象逐渐开始受到关注。一些早期工作集中在裂隙岩体 HM 耦合对坝基的影响,往往引入"平行板"流的概念来描述裂隙渗流。70 年代随着计算机技术的发展,一些学者建立了更加复杂的模型来分析计算。80 年代,Noorishad 等建立一个完全耦合模型,并据此开发出有限元计算机代码 ROCMAS。此后,许多基于不同数学方法的计算机程序都被开发出来模拟 HM 耦合过程。同时,更多与实际接近的本构模型逐渐被建立起来,如被广泛应用的 Barton – Bandis 和 Walsh 等建立的模型,以及 Oda 等把耦合过程嵌进有效介质理论。Lanru Jing 则分析了非渗透性母岩裂隙中渗流及形变问题,其认为流体流动和块运动/断裂变形耦合是双向互动的。2003 年,Jonny 等对 HM 耦合计算的理论及发展做了总结,其重点关注裂隙渗流。

国内的一些学者也在流固耦合方面做了大量研究。如李培超等考虑流固耦合下多孔介质骨架变形和流体的可压缩性,建立动态孔隙度和渗透率下饱和多孔介质流 – 固耦合渗流的数学模型。张玉军应用二维离散元程序 UDEC 对具有二组节理且赋存地下水的岩体处置库近场分别用流 – 固耦合及热 – 流 – 固耦合过程进行了数值模拟。喻萌应用有限元软件 ANSYS 模拟计算了输流管道不同约束条件下的流 – 固耦合动力学特征。钱若军等对传统风工程中的流固耦合理论和方法、流体力学基本理论、流体力学有限元分析方法等内容做了介绍,探讨了耦合界面条件、网格更新、边界追踪以及大型非线性方程组求解等问题。朱万成等以岩体的损伤演化为基础,建立考虑岩体的非均质性、渗流与应变的耦合效应的破坏过程本构关系。朱洪来、白象忠针对弹性薄壁构件引入描述弹性体变形特征和描述流体运动特征的数值,并根据诺沃口洛夫分类方法对流固耦合问题进行分类。吴云峰针对输液管道中的双向流固耦合问题,通过编写 UDF 程序利用动网格实现稳态下 ANSYS + FLUENT 求解。周创兵等从岩体流 – 固耦合分析的角度,针对岩体中的结构面,采用张开度、刚度或拉梅常数等参数表征界面的几何特征和物理力学特性。

1.2.1.3 热力(TM)耦合研究现状

岩石受热后,由于组成岩石的各种矿物热膨胀不同,内部产生热应力,导致矿物颗粒边界出现大量微裂纹而诱发岩石破裂,即岩石的热开裂现象。众多的科学领域,如石油开采、地热资源的开发利用、高放核废料地下储存等工程都存在着岩石热开裂的问题。目前,针对 TM 耦合,国内外学者主要研究方向为岩石的基本力学性质随温度的变化规律和机制,包括杨氏模量、泊松比(或体积模量与剪切模量)、抗压强度与抗拉强度、内聚力及内摩擦角等。

李连崇等从岩石材料的细观结构出发,应用损伤力学及热弹性理论,对热 – 力耦合作用下岩石破裂过程中作用关系进行了分析。许锡昌针对花岗岩在 20 ~ 600 ℃ 的基本力学性质,探讨弹性模量、泊松比及单轴抗压强度随温度变化的规律,给出一维 T – M 耦合损伤本构方程和损伤能量释放率的表达关系式。于庆磊等考虑矿物组分造成的岩石非均匀性对岩石热破裂的影响,以花岗岩为例,结合细观损伤力学和热弹性理论,建立岩石热 – 力耦合作用破裂过程的数值模型。王铁行等基于浅层土体水分、温度、应力的相互影响,对水 – 热 – 力耦合问题在黄土、冻土、膨胀土等领域的研究进展进行了回顾和总结。高小平等试验研究了不同温度盐岩的力学性能,分析了盐岩应力 – 应变曲线、弹性模量、峰值应力应变等的变化情况。刘泉声、许锡昌根据花岗岩弹性模量随温度变化的规律,推导出热损伤演化方程和一维热力耦合弹脆性损伤本构方程。付俊鹏、马贵阳通过对饱和含水冻土区埋地管道周围土层的水分场、温度场和应力场的演化规律进行数值模拟计算。

在国外,Wallner、Albrecht 等分析了核废料在盐岩中存储的温度 – 应力耦合效应及工程稳定性问题。Seipold、Sibbitt、Hans – Dieter 等针对热载诱发的岩石热力学参数变化进行了分析。Taras 利用强度特征法模拟多相流粘弹塑性 TM 耦合问题。Masanori 等研究了低温塑性对粘弹性剪切带变形的温度 – 应力耦合作用。Cognard 和 Ladeveze 等通过引入适合的内部变量将非线性问题转化为线性问题,解决非等温粘塑性、非线性力学行为,该方法尤其适合大时间增量下的 TM 耦合问题分析。Regenauer 和 Yuen 通过流变学及热力耦合状态方程入手,正演相互作用的柔性断层分布。

1.2.1.4 THMC 耦合研究现状

近年来,随着对 CO_2 地质储存、高放废物处置、增强型地热系统等大型地下工程研究力度增加,越来越多的学者发现在这些工程中,岩土体作为一种导水导热介质且存在孔隙、裂隙,其对工程的正常运作及安全性有着十分重要的影响。而在设计、施工和运行中仅考虑两场之间的耦合效应往往不能够满足工程的精度要求,因此基于温度 – 渗透 – 力学三场之间相互耦合分析的理论及数值方法越来越受到业内的青睐。如方振等通过室内试验进行岩石抗压、抗拉、劈裂试验,研究了不同温度、浓度化学溶液腐蚀下温度 – 应力 –

化学作用下的损伤演化。张强林、王媛对岩体 THM 耦合研究现状进行综述,并从线性动量守恒、质量守恒和能量守恒出发,推导出以位移、孔隙压力和温度为未知参数的 THM 耦合控制方程组。

在国外,Bower 和 Zyvoloski 在 FEHM 基础上开发代码,加入力学耦合及双重孔隙模型,通过 Newton - Raphson 迭代模拟分析含热源裂隙含水层中的 THM 耦合问题。其也应用到地热库的地下水运移问题、双重孔隙 - 裂隙介质的热流耦合问题,以及二维饱和含水层的裂隙水力传导问题等。Gawin 等提出一个完全耦合数值模型来模拟处在变形过程中的局部饱和多孔介质材料。方程采用非线性有限差分离散,考虑了修正的有效应力与毛细压力之间的关系,以及相变(蒸汽冷凝)、热传导及对流、气相分压及位移等。Thomas 等以两个现场工程屏障系统试验为例,根据质量守恒、动量守恒以及能量守恒方程,提出一种多孔介质多物理场 THM 耦合微观连续介质法,并建立三维模型同时实现并行计算。Rutqvist 等将 TOUGH2 和 FLAC3D 两个计算代码搭接起来,模拟孔隙岩石中的多相渗流,热传导及变形问题。Tsang 等分析了黏土地层内高放核废料储存的 THM 耦合问题,阐述了过去几十年内世界四个主要的地下实验室在这方面的研究。

在国际合作方面,值得一提的是冯夏庭等在国际研究计划 DECOVALEX 支持下,以瑞典 Aspo 硬岩实验室的试验为基础,进行关于结晶岩开挖损伤区的形成与演化机制分析,建立弹性、弹塑性、粘弹塑性 THMC 分析模型,并开发数值软件,通过对模拟处置库地下围岩 THMC 耦合过程试验监测数据的分析验证其可靠性。同时其与丁梧秀、鲁祖德等通过自行研制应力 - 水流同化学溶液腐蚀的多裂纹灰岩试件,化学耦合下岩石破裂全过程的力学试验系统,进行了应力 - 水流 - 化学耦合下单轴压缩破坏过程试验。T. S. Nguyena 等依托 DECOVALEX 第二阶段任务,以日本的 Kamaishi 矿区裂隙花岗岩为研究对象,通过在试验孔内设置热源并监测围岩的水力学响应,数值分析对比其中的 THM 耦合过程并对差异原因提出解释。耦合控制方程建立之后,结合一定的边界条件及初始条件,就可以求得精确的解析解,但由于地质体复杂性,对于大多数的多场耦合问题,方程组的高度非线性等因素使得精确的解析解很难得到。通常人们都采用数值方法离散控制方程进行求解。

在软件及程序的开发利用上,国外开展得较早,一些学者通过编制耦合计算代码来模拟地质科学中的多场耦合问题,例如模体/基于数学统计模型 MOTIF、FRACture、THAMES、ROCMAS、FRACON、FEMH、GEOCRACK 及 TOUGH2 - ASTER 等。我国中科院武汉岩土所刘泉声等也开发了多场耦合有限元程序 FRT - THM。这些程序开发的初衷有的是模拟核废料地质储存,如 MOTIF、THAMES、ROCMAS、FRACON、FRT - THM,其方程基于比奥固结理论,有的则是模拟地热能开发并也在其他领域得到应用,如 FRACture、FEMH、GEOCRACK 等。

目前,化学场对于其他三场的耦合影响主要体现在:通过矿物的溶解和沉淀改变多孔介质的孔隙率,从而影响渗流场的运动特性;通过化学反应吸收和释放热量达到对温度场的影响;由于孔隙流体 pH 值和浓度变化等改变介质力学参数。对 MC(应力 - 化学)耦合研究主要集中在实验室内的规律获得,利用化学腐蚀下岩石的常规单轴、三轴压缩试验,获得不同化学环境下岩石应力 - 应变过程曲线。虽然通过一些学者的研究,THCM 四场之间的耦合关系已经在理论上得到一定的共识，并且在室内试验的基础上进行了部分验证并得到一些基本规律。然而在多参数全耦合方程的建立以及数值软件的开发和利用上，无论是国外还是国内，目前都缺少被证实的、受到广泛认可的数值模拟工具或软件代码。近年来一些学者在这方面做了一些探索和尝试。如 A. Gens 等利用 CODE BRIGHT 建立一维轴对称模型模拟分析了高放废料储存中的四场耦合问题。

求解多场耦合问题，目前主要有 3 种基本算法：单向耦合算法、松弛耦合算法以及全耦合算法。单向耦合算法，即两组独立方程在同一时间步内分别求解，将其中一个物理过程的计算结果单向输入到另一个物理过程计算。松弛耦合算法，即两组方程独立求解的同时有关参数在两求解方程之间相互传递。其优点是相对容易实现，而且在计算精度上能够接近全耦合算法，能较好地反映复杂的非线性物理过程。而应用全耦合算法时，需建立起考虑全部参数的多场耦合方程组（通常为大型复杂非线性偏微分方程），这里面包含了全部的物理化学过程。在求解多场耦合问题时应首推全耦合算法，因为其在理论上最接近实际。但由于同时求解多物理场耦合过程异常复杂，方程组高度非线性及求解中的难以收敛，当前数学及计算系统的发展水平难以满足其要求，到目前为止这方面还没有令人满意的研究成果。

1.2.2　西安市水源热泵发展研究现状

西安市已有 36 个水源热泵系统，在水源热泵建设前期，进行了建设项目水资源论证，论证报告对建设项目取用水合理性、抽回灌配置及布井方案进行了分析论证，对抽水井与回灌井布设进行方案比较。但目前西安市对水源热泵缺少抽、回井档案管理，缺乏地下水水位、水质动态长期观测，缺少地面沉降监测点和地下水位监测井的建设，不利于积累浅层承压地下水长期动态资料。

2010～2012 年西安市水务局委托长安大学进行了《西安市水源热泵空调系统抽回灌井试验研究及效果评价》项目研究。主要对西安市北郊某地下水源热泵抽回灌系统的影响因素进行了分析，项目仅考虑了抽灌比和热贯通对抽灌井井群布置的影响，对于水质、水化学变化、渗流场、应力场对抽灌井井群布置以及地下水环境的影响需要做进一步的研究，且仅对西安市北郊水源热泵适宜性进行了评价，应开展西安市不同水文地质条件下抽灌井试验分析。

1.3　研究目标及任务

为明确水源热泵用水井的布置、回灌水控制温度等指标，并为西安市水源热泵的建设提供管理依据，开展西安市城区地下水源热泵系统 THCM 模型的初步研究，具体任务如下：

（1）编制《西安市城区地下水源热泵系统 THCM 模型初步研究技术大纲》，明确项目研究的技术路线、工作内容和进度安排，并由项目相关专家进行技术大纲审查。

（2）明确系统不同运行方式对地下水回灌水质（包括水温）的影响，分析水质随时间及空间变化规律等；确定最优的抽灌方式和合理的抽灌比；提出抽灌井间距以及抽灌井与建筑物的最优安全距离。在此分析基础上,编制 THCM 耦合模型程序,并运用西安市已有水源热泵系统的运行数据、室内砂槽试验数据对模型进行验证分析,提出有针对性、切合实际的研究成果。

1.4 主要研究内容

(1)地下水源热泵系统运行对渗流场与温度场的影响:通过室内砂槽试验分析抽水量、抽灌井布局、井距及水文地质参数等因素对地下水源热泵系统的影响,分析不同情况下热泵系统运行时热贯通冷热锋面的移动速率,为西安市地下水源热泵系统的抽灌井布设提供参考。

(2)地下水源热泵系统运行对渗流场与化学场的影响:通过室内试验与野外现场试验分析热泵系统运行期间地下水水质随时间及空间的变化规律,定量评价热泵系统不同运行方式对水质的影响。

(3)地下水源热泵系统地下水抽回灌对含水层应力场的影响:模拟地下水抽灌对含水层应力场的影响,定量分析地面沉降量与抽水量、井间距等因素的关系,计算地下水源热泵系统的抽灌井距建筑物的最优安全距离。

(4)THCM(渗流场、温度场、化学场、应力场)耦合模型的建立:根据地下水源热泵系统运行时渗流场、温度场、化学场、应力场的变化规律,编制 THCM 耦合模型程序。

(5)模型的验证及应用实例:根据西安市已有水源热泵系统的运行数据、室内砂槽试验数据对建立的 THCM 耦合模型进行验证分析。

1.5 研究方法和技术路线

1.5.1 研究方法

该项目采用现场调研、现场监测、室内砂槽试验和数学模型等方法开展研究。在项目工作过程中,邀请南京大学、长安大学相关专家,采用联合攻关的方法开展研究,保障项目的顺利完成。研究内容具体分工如下:

(1)文献综述。

通过查阅文献,熟悉相关政策、规范、技术标准等文件,分析国内外地下水源热泵研究现状及基础。

(2)西安已有水源热泵调研分析。

通过实际调研,并与水源热泵系统凿井施工单位、监测仪表安装单位及物业运行管理部门协作,对西安区域已有水源热泵系统的建设和应用情况进行调研分析,总结水源热泵应用的经验及存在的问题。

(3)现场监测。

采用野外监测手段,分别对神州数码(条件成熟)、北郊凤城一路仁里小区(人口密集小区)以及开米股份(新建)项目,共 3 个典型水源热泵项目进行监测。通过对其地下水位和水质、流量、水温、地面标高等项目实施持续监测,及时掌握其变化情况,并对水位、水温及地面沉降数据进行分析。

(4)室内砂槽试验。

通过室内砂槽试验模型,分析抽水量、抽灌井布局、井距、水温等因素对地下含水层的影响,分析不同井距、建筑物距离对各场因子的影响程度,定量评价热泵系统不同运行方式对水质的影响及热锋面的移动规律,确定抽灌井布设,明确最优的抽灌方式。

(5)数学模型。

结合文献研究基础及调研分析,确定模型边界条件,选用 FEFLOW、HST3D、TOUGHREACT、Geo – Studio 等相关软件,搭桥建立四场耦合 THCM 数学模型;结合砂槽试验模拟结论以及已有水源热泵系统的运行数据,对建立的 THCM 耦合模型进行验证并调试。明确不同方案对四场因子的影响程度,分析水质随时间及空间变化规律;确定最优的抽灌井布设方案、抽灌方式和合理的抽灌比;提出抽灌井间距以及抽灌井与建筑物的最优安全距离。

1.5.2　技术路线

根据研究目标和项目特点,在文献综述阶段,查阅相关文献,了解国内外砂槽试验、水源热泵模型、耦合研究现状及相关模拟软件。西安已有水源热泵调研分析阶段,通过实际调研,分析西安市地下水源热泵开发利用现状,包括明确系统在西安市的分布情况及运行方式、抽灌井数量及布局、井距、抽回灌水量和水质等状况,对水源热泵开发及系统运行中存在的问题进行分析。现场监测阶段,确定典型小区及监测方案。现场监测并收集地下水水位、水压、水量及水质等相关动态资料。室内砂槽试验阶段,明确试验目的及方案。结合前期收集的资料及相关调研,初步建立基本反映研究区内水源热泵实际情况的抽灌井系统渗流场、温度场、化学场的室内砂槽模型;根据建立的室内砂槽模型试验模拟不同抽水量、抽灌井布局、井距、水温因素情况下,分析不合理井距、建筑物距离对各场因子的影响程度。数学模型阶段,结合文献基础及调研分析,确定模型边界条件,构建模型框架。比选 FEFLOW、HST3D、TOUGHREACT、Geo – Studio 等相关软件,搭桥建立四场耦合 THCM 数学模型。通过模拟典型区域抽水条件下热水水位及温度的变化情况,刻画不同抽灌比、不同井距、不同温度、不同压力下热储水 – 热系统中水的流动和热量的运移过程,分析不同方案对四场因子的影响程度。最终,经综合分析,比较现场监测及试验、砂槽试验以及数学模型提出的结论,定量评价热泵系统不同运行方式对水质的影响;确定不同情境下热泵系统运行时热贯通冷热锋面的移动速率,提出适宜可行的抽灌井布置方案,确定最优的抽灌方式和合理的抽灌比;计算出地下水源热泵系统的抽灌井间距以及抽灌井与建筑物的最优安全距离。具体的技术路线图见图 1-1。

1.5.3　创新点

建成了国内近 30 年来首个与浅层地温能热泵系统研究相关的最大实体砂槽模型,在实体砂槽中,可同步测量采灌系统中渗流场、温度场、化学场以及应力场的变化,进而初步确定四场间的耦合关系;建立 THCM(渗流场、温度场、化学场、应力场)四场耦合模型,提

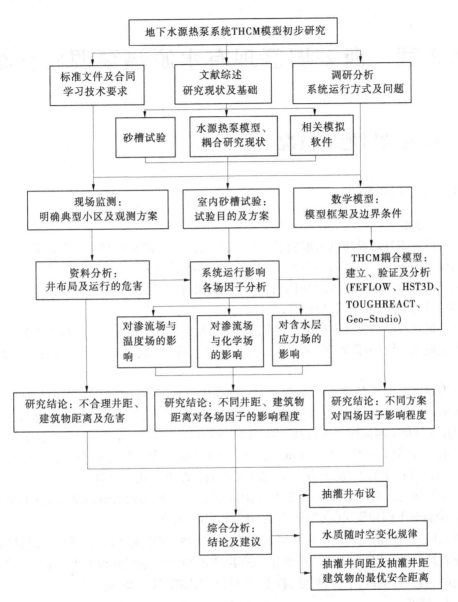

图 1-1　技术路线图

出不同情境下热泵系统运行时热贯通冷热锋面的移动速率,定量评价热泵系统不同运行方式对水质的影响,计算出地下水源热泵系统的抽灌井与建筑物的最优安全距离,确定适宜可行的抽灌井布置方案。

第 2 章　西安城区现有水源热泵调研分析

2.1　西安城区地质概况

2.1.1　区域地质构造

2.1.1.1　地层

西安城区内自新世初以来堆积了巨厚的新生代地层,除东南部黄土塬区有第三系零星出露外,皆被第四系覆盖。第四系为风积黄土和水流堆积(湖积、冲积、洪积)的卵砾石、砂、黏性土等。西安城区地质图见图 2-1。由图可以看出,西安城区第四系地层按成因类型可分为冲积、冲洪积、风积等,简述如下:

西安城区中心主要被上更新统风积层(Q_3^{eol})覆盖,包含第一层古土壤及其以上的黄土。黄土疏松、垂直节理发育,多根系虫孔;古土壤棕褐色,底部含钙质小结核。厚度 8 ~ 10 m。

西安城区东南部有浐河和灞河,主要被冲洪积层覆盖,全新统上部冲积层(Q_4^{2al})分布于河流的河漫滩地区,岩性主要为粉质砂土、砂及砂砾卵石,厚度逾 20 m;全新统下部冲积层(Q_4^{1al})分布于河流的一级阶地,岩性上部以粉质黏土为主,下部为砂、砾卵石,具有下粗上细的二元结构,厚度 12 ~ 30 m。此外,二级阶地前缘少量分布全新统上部洪积层(Q_4^{2pl}),岩性以粉质黏土、黏土为主,局部夹砂砾石。厚度从几米至 20 m。

西安城区北部有渭河,地层出露与东南部相似,由北向南依次覆盖全新统上部冲积层(Q_4^{2al})、全新统下部冲积层(Q_4^{1al})和上更新统风积层(Q_3^{eol})。

西安城区西南部出露的地层主要是全新统下部冲积层(Q_4^{1al})、上更新统风积层(Q_3^{eol})和全更新统冲洪积层(Q_4^{al+pl})。全更新统冲洪积层(Q_4^{al+pl})主要分布于西安城区西南的沣皂河之间,岩性为细砂、中砂、粗砂、粉土、粉质黏土,厚度 10 ~ 25 m。

2.1.1.2　地貌

根据地貌形态、成因类型和物质组成,西安城区地貌可划分为渭河及支流冲积(冲洪积)平原、黄土塬、山前洪积平原三种地貌类型。西安城区主要地貌类型是冲积(冲洪积)平原,该地貌类型又可划分为河漫滩和一至四级阶地,以及一至三级冲洪积阶地。渭河及其支流的一、二级阶地发育,三、四级阶地分布范围小。各级阶地均具明显的二元结构,上部以粉质黏土为主,下部以砂砾卵石为主,二级以上阶地顶部多被黄土覆盖。除河漫滩和一级阶地为上叠式外,其余阶地均为内迭式或嵌入式。冲洪积阶地分布较为广泛,总的特征是在黄土或黄土状土中夹有厚度不等、分布不稳定的粉质黏土或砂、砾卵石层,不具二元结构特征。西安城区地貌图见图 2-2,简述如下:

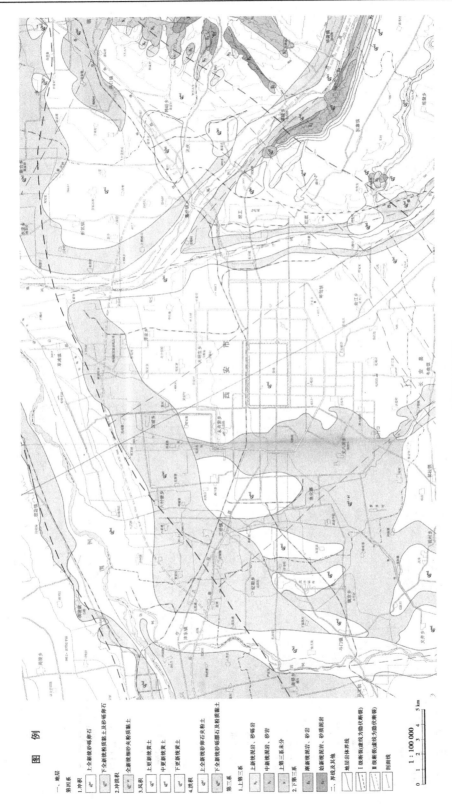

图 2-1　西安城区地质图

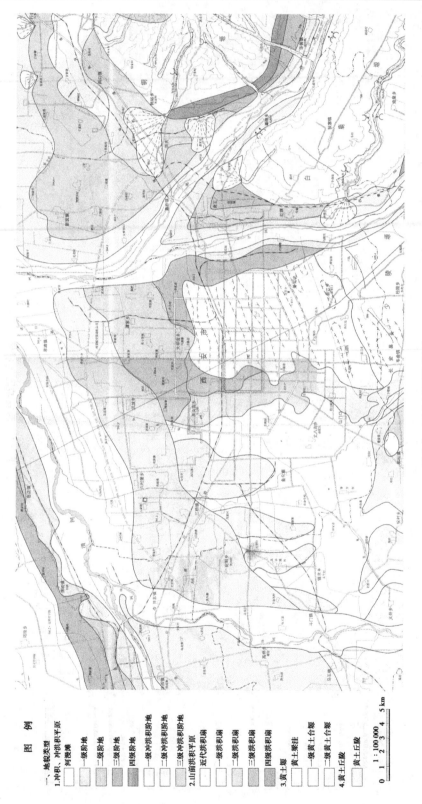

图 2-2　西安城区地貌图

图　例

一、地貌类型

1.冲积、冲洪积平原
　　河漫滩
　　一级阶地
　　二级阶地
　　三级阶地
　　四级阶地
　　一级冲洪积阶地
　　二级冲洪积阶地
　　三级冲洪积阶地
2.山前洪积平原
　　近代洪积扇
　　一级洪积扇
　　二级洪积扇
　　三级洪积扇
　　四级洪积扇
3.黄土梁洼
　　黄土梁洼
　　一级黄土台塬
　　二级黄土台塬
4.黄土丘陵
　　黄土丘陵

1 : 100 000
0　1　2　3　4　5 km

西安城区中心主要发育一级冲洪积阶地,标高 390 ~ 423 m,地势平坦,由全新统下部冲洪积层组成。二至三级冲洪积阶地呈条状分布于西北角,范围较小,二级冲洪积阶地标高 394 ~ 439 m,组成物质为中更新统冲洪积层,上覆中、上更新统黄土;三级冲洪积阶地标高 409 ~ 468 m,组成物质为中更新统冲洪积层,上覆中、上更新统黄土。

西安东南部主要发育河漫滩、一至三级阶地。河漫滩高出河床 1 ~ 3 m,标高为 355 ~ 393 m,漫滩宽 0.5 ~ 4 km,由全新统上部冲积层组成;一级阶地高出河床 7 ~ 9 m,标高为 361 ~ 396 m,浐河、灞河一级阶地呈长条状分布,阶面平坦,宽数十米至 2.5 km,由全新统下部冲积层组成;二级阶地高出一级阶地 5 ~ 21 m,标高 386 ~ 405 m,宽 7 ~ 11.5 km,浐河、灞河,二级阶地断续分布,阶地宽 0.1 ~ 1.2 km,阶面平坦,由上更新统黄土和冲积层组成;三级阶地主要分布于浐河左侧、灞河右侧,呈条带状分布,高出二级阶地 8 ~ 20 m,标高 410 ~ 562 m,宽 0.5 ~ 2.5 km,阶面略呈起伏,上部由中上更新统黄土组成,下部由中更新统冲积层组成。此外,西安的东南部还发育黄土塬地貌类型,一级黄土台塬有渭河以南的少陵塬,标高 450 ~ 630 m。塬面平坦开阔,黄土台塬上部为厚度 60 ~ 120 m 上更新统中下更新统上部黄土,夹 9 ~ 20 层古土壤,下伏下更新统下部冲洪积、冲湖积粉土、粉质黏土和砂层;二级黄土台塬有白鹿塬,标高 706 ~ 780 m,塬面平坦,台塬由 100 ~ 120 m 厚的上更新统至下更新统黄土夹 20 ~ 28 层古土壤组成,下伏第三系黏土岩和砂砾岩。白鹿塬、铜人塬北缘的二级阶地前缘有近代洪积扇零星分布,宽度一般为 5 ~ 8 km,多被黄土覆盖,其下由上更新统下部至中更新统洪积砾、卵石、砂土、粉土组成。

西安城区北部地貌与东南部类似,主要发育河漫滩和一至二级阶地。渭河一级阶地分布连续,阶面平坦,宽 2 ~ 7.5 km。

西安城区西南部主要发育一至二级冲洪积阶地。一级冲洪积阶地分布于沣河上游以及三桥镇以南的沣河和皂河之间的广阔地带,标高 390 ~ 423 m,地势平坦,由全新统下部冲洪积层组成。二级冲洪积阶地块状分布于沣河以东、西安以西地段,标高 394 ~ 439 m,组成物质为中更新统冲洪积层,上覆中上更新统黄土。

西安市地质地貌剖面图见图 2-3。由图可以看出,西安城区出露地层主要是全更新统冲积层和上更新统黄土风积层,厚度分别约为 50 m 和 10 m。纵向地层依次是上更新统冲积层、中更新统黄土风积层、中更新统冲湖积层和下更新统冲湖积层。地层岩性依次是黄土状土、粉质黏土和砂。

2.1.2　水文地质条件

2.1.2.1　地下水含水岩组

根据地下水埋藏条件、水动力性质,将全市 300 m 深度以内含水岩组划分为潜水和承压水两大含水岩组。潜水含水岩组包括冲积层潜水含水岩组、洪积层潜水含水岩组和黄土台塬潜水含水岩组。承压水含水岩组包括黄土塬区承压含水岩组和山前洪积及渭河阶地平原区承压含水岩组。西安市水文地质剖面图见图 2-4。

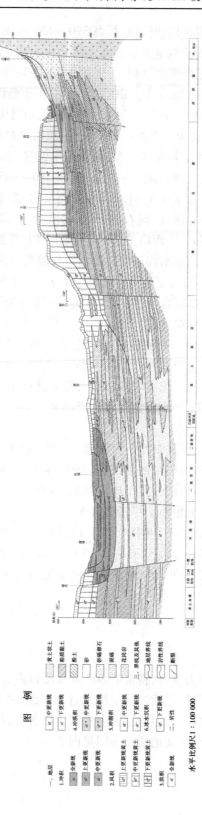

图 2-3　西安市地质地貌剖面图

图　例

一、地层

1. 冲积　　全新统　　中更新统　　下更新统
2. 风积　　上更新统　　中更新统　　下更新统
3. 洪积　　全新统
4. 冲洪积　　全新统　　中更新统　　下更新统
5. 冲洪积　　中更新统　　下更新统
6. 冰水沉积　　下更新统

黄土状土　　粉质黏土　　粉土　　砂　　砂砾卵石　　混碎　　花岗岩

上更新统黄土　　中更新统黄土　　下更新统黄土

三界线及其他　　地层界线　　岩性界线　　断裂

二、岩性

水平比例尺 1 : 100 000

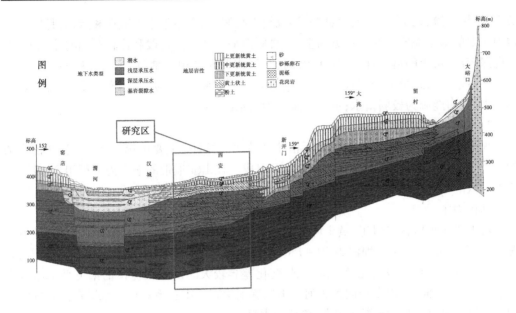

图 2-4   西安市水文地质剖面图

1. 潜水含水岩组

冲积层潜水含水岩组:分布于渭河及支流漫滩和河谷阶地,含水岩组为砂、砂砾卵石互层。高阶地上部为黄土覆盖,岩性较均一,颗粒粗,透水性较好,厚 5~80 m。含水层厚度由漫滩向四级阶地递减,近河流厚,远河流薄,水位埋深 1~40 m,一二级阶地较浅,一般小于 10 m,高阶地埋深 10~40 m。含水层的富水性,一般靠近渭河及较大支流的附近较好,河漫滩及一二级阶地富水性最好,三级阶地次之,四级阶地含水层近于疏干。冲积层含水岩组可划分为 5 个富水等级,见表 2-1。

表 2-1   冲积平原潜水含水岩组主要特征

地貌单元	水位埋深 (m)	含水层厚度 (m)	含水层岩性	渗透系数 (m/d)	单井出水量 (m³/d)
漫滩	1~3	50~60	砂、砂砾石、砂卵石为主	20~50	3 000~5 000
一级阶地	2~7	40~60	中粗砂、砂砾石为主	20~40	2 000~3 000
二级阶地	6~10	20~30	中粗细砂	3~20	1 000~2 000
三级阶地	10~25	10~20	砂、砂砾石	5~20	500~1 000
四级阶地	<50	10~20	砂、砂砾石	5~20	<500

黄土台塬潜水含水岩组:主要分布在少陵、白鹿等黄土台塬区。含水岩性主要为上更新统及中更新统,中上部风积黄土。地下水赋存于孔洞裂隙中,具有各向异性和多层性的特点。富水性在垂直方向上随孔隙、裂隙由上至下发育程度的减弱而减小。上层为马兰

黄土,结构松散,孔隙、裂隙发育良好,形成较大孔洞,利于地下水的赋存和运移,是塬区洼地中主要的富水地段。在水平方向上,一般塬面平坦宽整的地段和比较开阔的洼地中,水位埋深较浅,黄土的富水性较好,在塬面狭窄区或塬面的边缘地带,富水性极差。黄土层含水层富水性大致可分为四级:少陵塬洼地为中等富水区;少陵塬、白鹿塬及安村洼地,为弱富水区;白鹿塬为极弱富水;黄土丘陵区为贫水区。

2. 承压水含水岩组

承压水分布于平原区各地貌单元潜水含水岩组之下,主要由第四系中、下更新统湖积、洪积、冲积砂砾卵石、中粗细砂和亚砂土组成。在山前地带的下部为洪积相含水层;冲积平原区的下部为冲湖积相含水层;黄土台塬区以洪、湖积交错为主;在渭河的一、二级阶地以湖积为主。

黄土塬区承压含水岩组:黄土塬区承压含水层岩性以砂为主,厚度 20 ~ 70 m,顶板埋深 110 ~ 224 m,承压水位埋深为 50 ~ 150 m,在个别地段出现河谷由于受到侵蚀切割而高出地表的现象。东部地区地形切割强烈,变化差异较大。出露在蓝田的第三系承压含水岩层,厚度由西向东,由岸边向远离河流地段逐渐递减。第三系承压含水层在白鹿塬埋深 194 ~ 224 m 以下,水头埋深比较大,单位涌水量小。

山前洪积及渭河阶地平原区承压含水岩组:该区含水层岩性主要为砂砾石、砂卵石、亚黏土等,分选性较差,由南向北砂砾卵石中的含泥量逐渐减少。由于该区承压水位埋深在 50 ~ 300 m,变化幅度较大,导致承压含水层顶板埋深、承压水水位、含水层厚度及富水性等也随之发生较大变化。在渭河及主要支流岸边地带,承压含水岩组常与潜水岩组相连通,构成厚度大的含水组,河漫滩和一级阶地含水层厚度为 20 ~ 100 m;二、三级阶地及黄土台塬北部含水层厚度为 5 ~ 60 m。随着靠近河流地带距离由近及远富水性也发生由好变差的变化。

2.1.2.2　地下水补给、径流和排泄条件

西安城区潜水的主要补给来源有大气降水、河流侧漏、地下径流、潜水越流以及地表水灌溉下渗回归补给等。潜水排泄方式主要是农用井灌、城市供水开采及向承压水越流补给为主。潜水化学特征,随补给来源的物质成分、径流距离长短、人为影响活动程度不同而发生变化。沿秦岭一带山前洪积平原,以 $HCO_3 - Ca$ 或 $HCO_3 - Mg$ 为主,向外依次形成 $Cl - HCO_3$、$HCO_3 - Cl$、$HCO_3 - SO_4$ 型水。

承压水为潜水越流和地下水径流补给,承压水与潜水在形成过程中关系密切。承压水排泄主要是人工开采利用和地下径流流出,其次是局部地段越流补给潜水。承压水水化学特征自山前到渭河边,形成大范围单一低矿化 HCO_3 型水,西安城郊区受上部潜水影响,出现 $HCO_3 \cdot Cl - Na$ 型水和 $HCO_3 \cdot SO_4 - Na$ 型水。

2.1.3　工程地质条件

西安市城区工程地质按地貌类型可分为冲积、冲洪积平原工程地质区,黄土塬工程地质区和丘陵工程地质区。亚区按次级地貌形态和岩土体类型划分。西安城区工程地质图见图 2-5。

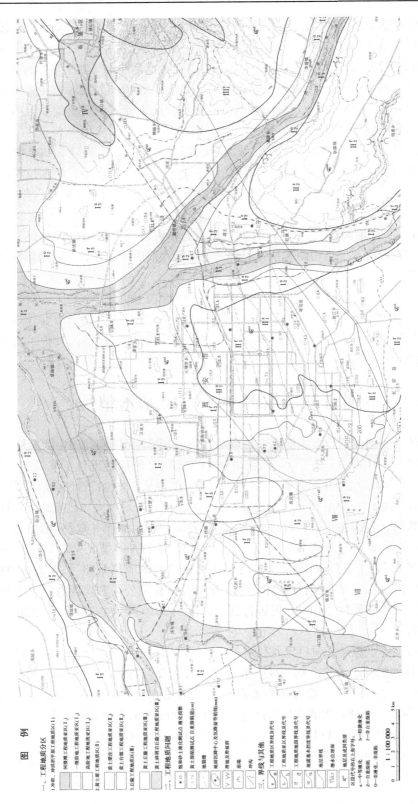

图 2-5 西安市城区工程地质图

　　（1）冲积、冲洪积平原工程地质区：西安市城区主要位于该工程地质区。总体地形平坦开阔。低阶地土体结构为砂土单层型、黏性土－砂土双层型或黏性土与砂土互层的多层型；高阶地上部为黄土，下部为黏性土、砂土、卵砾石或黏性土与砂土互层的双层或多层结构。潜水位埋深由低阶地向高阶地增大，从小于 5 m 至 10 m 或更深。主要工程地质问题有河漫滩亚区、一级阶地亚区的饱和砂土液化和高阶地亚区的黄土地基湿陷。黄土湿陷性多属非自重湿陷，仅局部为自重湿陷。

　　（2）黄土塬工程地质区：位于西安城区东南部黄土塬及黄土梁洼。黄土塬区塬面平坦开阔，黄土梁洼区地形波状起伏。土体结构为单一的黄土单层型。潜水位埋深除局部洼地小于 10 m 外，大部分地区大于 20 m。主要工程地质问题有黄土地基湿陷、塬边滑坡崩塌、黄土梁洼区的地裂缝和地面沉降。

　　（3）丘陵工程地质区：位于区内的东北部。土体为黄土单层结构以及黄土与下伏第三系碎屑岩组成的双层结构两种结构类型。主要工程地质问题是沟坡的崩塌滑坡以及黄土地基湿陷。

　　西安城区工程地质区评价见表 2-2。从分区评价表上可见，各工程地质区、亚区、地段之间在工程地质条件的优劣和工程地质问题的多寡上存在较大差异。总体来看，冲积、冲洪积平原和黄土塬工程地质区，地形开阔平坦，工程地质条件较好，具备丰富的水土资源，适宜于城市发展。

2.2　西安市现有地下水源热泵系统基本情况

　　本次陕西省河流工程技术研究中心调研人员利用 22 天时间（2016 年 8 月 17 日至 9 月 2 日，2017 年 11 月 6～10 日）对西安市使用水源热泵的项目进行了现场逐一调查、核实，并与水源热泵系统凿井施工单位、监测仪表安装单位及物业运行管理部门协作。同时其他调研人员查阅了相关项目的成井报告、水资源论证报告。对西安市已有地下水源热泵系统项目的数量、建成时间、运行时间、使用情况、井深、井径、抽灌井数量（抽灌比）、单井出水量、回灌水量、井位图等基本情况进行了详细统计，项目基本情况见表 2-3、表 2-4。

　　西安东尚小区（老）是西安市最早通过审批建设的水源热泵项目，一期是 2005 年建设，迄今已经使用 13 年，且运行良好。西安开米股份有限公司和陕西省核工业地质局二二四大队使用年限最短，为 1 年，现运行良好。截至 2016 年，西安市共审批通过 37 个水源热泵项目。

　　西安市地下水源热泵项目主要利用 300 m 深度以内的潜水与承压水，井间距 20～50 m，与主要建筑物的距离除个别项目小于 10 m 外，大部分都在 15～50 m。水源热泵项目的井深 120～332 m，井径一般为 600～650 mm。单井出水量最小的是东尚小区（新）水源热泵项目，为 36 m³/h，比较大的有华天科技最大时为 150 m³/h，古都放心早餐为 132 m³/h，浐灞行政楼旁（四方楼）为 114 m³/h。大部分单井出水量在 60～80 m³/h，回灌水量为 30～82 m³/h。抽灌井比例大部分是 1:2 和 1:3，抽灌比大于 1:4 的项目目前使用状况都是良好。

表 2-2　西安城区工程地质分区评价一览表

工程地质区 名称	工程地质区 代号	工程地质亚区 名称	工程地质亚区 代号	主要工程地质评价	工程地质评价	工程地质地段 名称	工程地质地段 代号
冲积、冲洪积平原工程地质区	I	河漫滩工程地质亚区	I_1	土体由粉砂、粗砂组成，结构单一。水位埋深小于 5 m。地震烈度大于Ⅷ度时，饱和砂土易发生液化。液化指数 I_{LE} 为 1.72～17.4，仅个别 $I_{LE}>15$，以中等液化 $(5<I_{LE}≤15)$ 为主，漏桥王毛西与毛西一席王毛西间为轻微液化 $(0<I_{LE}≤5)$。中殿一毛西以上河段砂土颗粒粗，多为砂粒、卵石，不发生液化	场地开阔平坦，砂土承载力较高，高漫滩区可规划一般公民建筑，但高漫滩区应做好防洪和抗震设防工程	饱和砂土中等液化地段	I_1^a
						饱和砂土轻微液化地段	I_1^b
						饱和砂土非液化地段	I_1^o
		一级阶地工程地质亚区	I_2	渭河、浐、灞河一级阶地土体上为黏性土，下为砂砾土，水位埋深一般小于 10 m，黏性土薄，砂砾土承载力较高，f_k 为 250～330 kPa，I_{LE} 为 0.33～11.2，渭河南岸阶地饱和砂土以中等液化为主。西部及灞、浐河中游阶段为轻微液化；北皂阶地饱和砂土以轻微液化为主，局部不发生液化。洋、皂河一级阶地土体由黏土、砂土互层组成，结构复杂多变，均一性差，且埋藏古河道较多，水位埋深以北为中等液化，以南为轻微液化 I_{LE} 为 0.62～7.2，鱼化寨以北为中等液化或非液化	地形开阔平坦，场地条件好，工程地质条件较简单，适宜布置各类建筑物，在进行详细工程地质勘察时，查明饱和砂土液化性，做好抗震设防	饱和砂土中等液化地段	I_2^a
						饱和砂土轻微液化地段	I_2^b
						饱和砂土非液化地段	I_2^o
		高阶地工程地质亚区	I_3	土体由黄土、黏性土、砂卵石组成。上部黄土厚度二级阶地 10～18 m，三、四级阶地地厚 25～30 m，中等压缩，一般具自重湿陷性或非自重湿陷性。自重湿陷性黄土主要分布于二级阶地局部地段，黄土及黏性土 f_k 为 110～200 kPa，砂卵石 f_k 为 400 kPa	适宜布置各类工程，但应针对不同湿陷性类型和建筑等级，对黄土地基的湿陷性进行处理。另外，二级阶地黄土层较薄，下伏砂卵石层承载力高，宜用作高层建筑物持力层。三、四级阶地，晚更新世黄土之下的中更新世地层工程性能好	自重湿陷性黄土段	I_3^z
						非自重湿陷性黄土段	I_3^f

续表 2-2

工程地质区 名称	代号	工程地质亚区 名称	代号	主要工程地质评价	工程地质评价	工程地质地段 名称	代号
黄土塬工程地质区	II	黄土梁洼工程地质亚区	II_1	土体为黄土层结构,西安城区为人工填埋－黄土双层结构,人工填土厚度一般为 2～8 m,局部可达 10 m,黄土及素填土均具湿陷性,湿陷类型为自重湿陷和非自重湿陷,杂填土成分复杂,均一性差。本区梁洼相间,地裂缝和地面沉降灾害严重,晚更新世黄土、早更新世黄土及粉质黏土工程性能好	适宜布置各类工程,但应避开地裂缝,消除或部分消除黄土湿陷性,杂填土不宜用作天然地基。	自重湿陷性黄土段	II_1^z
						非自重湿陷性黄土段	II_1^f
		黄土台塬工程地质亚区	II_2	土体为黄土层结构,潜水埋深一般大于 20 m,黄土具中－低压缩性,湿陷类型有自重湿陷和非自重湿陷,白鹿塬西北、咸阳塬西北黄土均为非自重湿陷,其余为自重湿陷。少陵塬、神禾塬及白鹿塬边,斜坡稳定性差,滑坡崩塌发育,鹿源塬边,斜坡崩塌崩滑发育,局部滑坡成群带发育	布置工程时除应消除黄土地基的湿陷性外,尚应避开斜坡稳定地带	自重湿陷性黄土段	II_2^z
						非自重湿陷性黄土段	II_2^f
丘陵工程地质区	III	黄土丘陵工程地质亚区	III_1	地形起伏,沟谷密度大。黄土单层结构,黄土一般具自重湿陷,部分地段第三系碎屑岩出露,潜坡崩塌发育	场地条件差,黄土具自重湿陷,斜坡稳定性差	自重湿陷性黄土段	III_1^z

表2-3　西安市地下水源热泵系统项目抽灌井基本情况调查表

序号	单位名称	地址	建成时间	目前使用状况	井数量（个）	井间距（m）	井深（m）	井径（mm）	抽灌井数量（抽灌比）	单井出水量（m³/h）	回灌水量（m³/h）	运行时间（年）
1	西安浐河半坡湖	浐河路		2008年废弃								
2	浐灞生态区管委会行政大楼	浐灞大道1号		使用良好	12				3抽6灌（1:2）			
3	浐灞行政楼旁四方楼	浐灞大道1号	2011年	使用良好	12	25	282	600	3抽9灌（1:3）	114	45	7
4	西安东尚小区（老）	长乐公园东	一期:2005年,14口;二期:2007年,12口;三期:2009年,26口	使用良好	52	30~40	290~300	650	13抽39灌（1:3）	60~70	30	9~13
5	东尚小区（新）	韩森寨	2010年（1#,2#,3#）2012年（18#）	使用良好	37	30	1#350,2#335,3#330,18#335	1#325,2#、3#、18#600	5抽18灌（1:3.6）	3#93,1#、2#、18#36		6~8
6	陕西省核工业地质局二二四大队	灞桥区纺渭路	2016年	使用良好	10	30	240	650	3抽6灌（1:2）	60	30~45	1
7	锦江国际酒店	浐灞生态区		使用回灌困难	12							
8	西安阀门总厂	纺织城新区	2013年	使用良好	13		220	620	4抽9灌（1:2）	40~45	40~44	4

续表 2-3

序号	单位名称	地址	建成时间	目前使用状况	井数量（个）	井间距（m）	井深（m）	井径（mm）	抽灌井数量（抽灌比）	单井出水量（m³/h）	回灌水量（m³/h）	运行时间（年）
9	浐灞商务区	浐灞半岛	浐灞生态区管委会行政大楼（一期）、浐灞行政楼旁（二期）的勘探井									
10	世园大公馆	浐灞生态区	未启用									
11	莹朴大厦	高新医院北	废弃									
12	航天恒星科技股份公司	高新新区	一期 2007 年 二期 2012 年	初期回灌困难，现使用良好	13	25	4～6 井 120	600	4 抽 9 回（4:9）	60～80		6～10
13	西安肇兴制药公司	科技三路	废弃									
14	航空家属院	唐延南路	2009 年	使用良好，夏季用	6	36	90～150	600	1:2			9
15	交通规划设计研究院	科技六路	2013 年 7 月	使用良好	24	20～25	180（9 口） 300（10 口） 150（3 口试验井）	650	（1:2）	40（180 m） 60（300 m）	40～50	4
16	陕西宾馆	丈八东路	2007 年	长期停用								

续表 2-3

序号	单位名称	地址	建成时间	目前使用状况	井数量（个）	井间距（m）	井深（m）	井径（mm）	抽灌井数量（抽灌比）	单井出水量（m³/h）	回灌水量（m³/h）	运行时间（年）
17	西安赫斯医药科技公司	锦业路		1 口井上抽不上水,其他使用良好	5	25~47			1:2			
18	陕西飞轮电气化器材有限公司	南绕城锦业二路				2014 年废弃						
19	神州数码实业有限公司	高新区	2011 年 9 月	使用良好	9	25	150	650	1 抽 6 灌（1:6）	80	34	7
20	陕西森纳房地产	西万路南三环北	2010 年	使用良好	4	25	150~153	600	1 抽 2 灌（1:2）			8
21	陕西伟达制药公司	西高新新区				2008 年废弃						
22	西安开米股份有限公司	科技一路	2016 年	使用良好	2	50	200		1 抽 1 灌（1:1）	45		1
23	陕西省公安边防总队	建章路	2007 年	抽回困难,2017年夏季停用	6	40~50	90	600	1:2			10

续表 2-3

序号	单位名称	地址	建成时间	目前使用状况	井数量(个)	井间距(m)	井深(m)	井径(mm)	抽灌井数量(抽灌比)	单井出水量(m³/h)	回灌水量(m³/h)	运行时间(年)
24	维美德造纸机械有限公司	阿房四路	2010年8月	使用良好	6	25	220	650	1抽4灌(1:4)	80	41.5	8
25	大兴新区建设有限公司	大兴文体中心					厂子倒闭，井废弃					
26	维兰德小镇(明威实业)	未央湖环湖西路		使用良好	4	25	130	650	1抽3灌(1:3)	1#84	2#82 3#82 4#82	
27	枫林九溪	浐灞生态区	2014年7月	使用良好	51	20~25	180	650	1:2.5	80	50~60	4
28	西安国际港务区	港务大道西	2010年9月	使用良好	13		1#、3#、4#、6#、7#、11#135、2#、5#145、8#135.2,9#136、10#132.2,12#、13#135.3	600		80		8
29	仁里小区	凤城1路	2014年	使用良好	7	40~50	230	620	1抽6灌(1:6)	60	30	4
30	航天常青苑	常青路	2009年7月	1口井废弃，其他良好	7		120	650	2抽4灌(1:2)			9

续表2-3

序号	单位名称	地址	建成时间	目前使用状况	井数量（个）	井间距（m）	井深（m）	井径（mm）	抽灌井数量（抽灌比）	单井出水量（m³/h）	回灌水量（m³/h）	运行时间（年）
31	陕西振彰御品轩食品有限公司	草滩	2011年11月	使用良好	13	27	100	650		100	30~40	6
32	印刷包装产业基地	草滩六路南段	2013年1月	使用良好	13	21~48	180	650	1抽8灌(1:8)	108~115		5
33	西安欧佳工艺品责任公司	凤城二路	厂子倒闭,废弃									
34	华天科技有限公司	凤城六路	2009年10月	使用良好	15		228	600		125~150	80	7
35	古都放心早餐	草滩四路北		回灌困难,暂停使用	4	25~30	1#,2# 165 3#,4# 201		1抽3灌(1:3)	91 132		
36	陕西省医药物流公司	国际港务区	2012年12月	使用良好	15	25	180	600	2抽4回(1:2)	82	27.5	4
37	陕西省蓝晶光电科技股份有限公司	草滩工业园	2013年8月	公司停产,目前未使用								

表 2-4 西安市地下水源热泵系统项目基本情况调查表

序号	单位名称	地层结构	含水介质	砂厚比	渗透系数 (m/d)	含水层层数	含水层性质	回灌效果	有无堵塞
1	西安浐河半坡湖		2008 年废弃						
2	浐灞生态区管委会行政大楼							良好	无
3	浐灞行政楼旁四方楼	第四系中、上更新统和全新统	冲湖积厚层砂、砂砾石、夹粉质黏土		1.6~17		承压水	良好	无
4	西安东尚小区(老)	地貌单元属于黄土梁					承压水	良好	无
5	东尚小区(新)	上部为第四系全新统冲积层,岩性为黏土含钙质结核、漂卵石、黏土等,厚度为74.8 m;中部为第四系上更新统冲积层,岩性为卵砾石、细砂、黏土、细粉砂黏土互层,粗中砂含砾、粗砂含砾、细砂含砾、细砂等,总厚度226.4 m;下部为第四系中更新统冲积层,岩性主要是中砂、黏土、中细砂含砾、黏土含钙质结核等,总厚度为48.8 m			1#0.37、2#0.48、3#0.85、18#0.83	2	浅层、深层承压水	良好	无
6	陕西省核工业地质局二二四大队	灞河台岸一级阶地,地势平坦,地下水富水性分区属强富水,浅层为上更新统冲积层,粉质黏土	冲洪积砂卵石		2.96	2	深层承压水	良好	无
7	锦江国际酒店							困难	有

续表2-4

序号	单位名称	地层结构	含水介质	砂厚比	渗透系数 (m/d)	含水层层数	含水层性质	回灌效果	有无堵塞
8	西安泵阀总厂	0~21.6 m 为黏土,21.6~31.6 m 为黏土夹砂含砾,31.6~46 m为漂卵石,46~52 m为黏土,52~56.8 m 为漂卵石,56.8~75.6 m为砂卵石,75.6~80.8 m为砂卵石,80.8~103.2 m 为黏土含砂,103.2~105.6 m 为中细砂,105.6~110 m 为黏土,110~113.6 为中细砂,113.6~122 为黏土,122~126.8 为中细砂,126.8~134 黏土,134~139.2 中细砂,139.2~147.6 黏土,147.6~152 中细砂,152~163.6 中细砂,163.6~177.6 中砂含砾,177.6~183.6 黏土,183.6~191 中砂,191~193 黏土,193~199 中细砂,199~214 黏土,214~220 中砂						良好	无
9	浐灞商务区	浐灞生态区管委会行政大楼(一期)、浐灞行政楼旁(四方楼)(二期)的勘探井							
10	世园大公馆		未启用						
11	莹朴大厦		废弃						
12	航天恒星科技股份公司(西安航天恒星空间技术应用有限公司)	0~32 为细砂黏土互层,32~34.8 m 为黏土互层,34.8~35.2 m 为黏土,35.2~36.4 m 为中细砂,36.4~42.8 m 为中细砂,42.8~45 m 为中细砂,45~54 m 为黏土,54~55.6 m 为中细砂,55.6~68 为黏土,68~69 m 为中细砂含砾,69~74 m 为黏土,74~85.6 m 为黏土,85.6~97.2 m 为黏土,97.2~99 m 为中细砂黏土互层,99~104.4 m 为中细砂含砾,104.4~107.2 m 为中细砂黏土互层,107.2~121 m 为中细砂黏土互层		30.996 (1~2号)		3		良好	无

续表 2-4

序号	单位名称	地层结构	砂厚比	渗透系数 (m/d)	含水层层数	含水层性质	回灌效果	有无堵塞
13	西安肇兴制药公司	废弃						
14	航空四属院						良好	无
15	交通规划设计研究院	二级冲洪积扇		11.92~15.4	2	潜水	良好	无
16	陕西宾馆	长期停用					困难	有
17	西安赫斯医药科技公司						良好	无
18	陕西飞轮电气化器材有限公司	2014年废弃						
19	神州数码实业有限公司	ZM-1号井:0~8.2 m,黏土;8.2~10.4 m,中细砂含砾;10.4~20 m,黏土;20~22.6 m,中细砂;22.6~47 m,黏土夹少量细砂;47~48.8 m;砂砾卵石;48.8~50.8 m,黏土;50.8~58 m,砂砾卵石;58~60.8 m,黏土;60.8~64 m,砂砾卵石;64~72.6 m,黏土;72.6~74.6 m,中细砂;74.6~88.6 m,黏土;88.6~90 m,砂砾卵石;90~103 m,黏土;103~106 m,砂砾卵石;106~114.6 m,黏土;114.6~116.8 m,中细砂;116.8~122 m,黏土;122~124.8 m,中细砂夹砾卵石;124.8~127.6 m,黏土;127.6~132 m,中细砂夹砾卵石;132~135 m,黏土;135~136 m,中细砂;136~144 m,黏土;144~145.2 m,中细砂;145.2~150.75 m,黏土		ZM-2号井:29.6	2	潜水、浅层、承压水	良好	无

第 2 章　西安城区现有水源热泵调研分析 ·29·

续表 2-4

序号	单位名称	地层结构	含水介质	砂厚比	渗透系数 (m/d)	含水层层数	含水层性质	回灌效果	有无堵塞
19	神州数码实业有限公司	ZM-2 号井:0~8.4 m,黏土;8.4~10 m,砂砾石;10~46.4 m,黏土夹少量细砂;46.4~50.4 m,含砾石中砂;50.4~56 m,细砂层黏土;56~58.6 m,中细砂;58.6~62 m,细砂;62~63.6 m,中细砂;63.6~74.6 m,黏土;74.6~80 m,细砂夹黏土;80~112.8 m,黏土;112.8~114.4 m,中细砂;114.4~122.2 m,黏土;122.2~124.6 m,中细砂;124.6~127.6 m,黏土;127.6~131.4 m,中细砂;131.4~138 m,黏土;138~141.6 m,中细砂;141.6~144.4 m,黏土;144.4~146.6 m,细砂;146.6~150 m,黏土。ZM-3 号井:0~36.8 m,黏土;36.8~38 m,细砂;38~44 m,黏土;44~58.8 m,中细砂含砾;58.8~61.4 m,黏土;61.4~64.4 m,中细砂;64.4~66 m,黏土;66~68 m,细砂;68~73.2 m,黏土;73.2~80 m,细砂;80~87.2 m,黏土;87.2~91.2 m,细砂黏土层;91.2~103.6 m,黏土;103.6~109.4 m,细砂夹黏土;109.4~115.6 m,黏土;115.6~119 m,中细砂;119~123.2 m,黏土;123.2~125.8 m,中细砂;125.8~128.4 m,黏土;128.4~134.4 m,中细砂含砾;134.4~140 m,细砂;140~141.6 m,黏土;141.6~146 m,细砂;146~147.6 m,黏土;147.6~151 m,黏土			ZM-2 号井:29.6	2	潜水、浅层承压水	良好	无

续表 2-4

序号	单位名称	地层结构	含水介质	砂厚比	渗透系数（m/d）	含水层层数	含水层性质	回灌效果	有无堵塞
19	神州数码实业有限公司	ZM-4 号井:0~7.2 m,黏土;7.2~9.6 m,中细砂含砾;9.6~44.4 m,黏土;44.4~47.6 m,中细砂含砾;47.6~49.8 m,黏土;49.8~57 m;中细砂含砾;57~60.6 m,黏土;60.6~66.4 m,中细砂夹黏土;66.4~72.4 m,黏土;72.4~78.6 m,细砂;78.6~85.6 m,黏土;85.6~89.4 m,中细砂含砾;89.4~99 m,黏土;99~101.2 m,中细砂;101.2~106.8 m,黏土;106.8~107.2 m,中细砂;107.2~111.6 m,黏土;111.6~112.8 m,细砂;112.8~115.4 m,黏土;115.4~117 m,中细砂;117~127.4 m,黏土;127.4~134 m,中细砂含砾;134~138.8 m,黏土;138.8~141 m,细砂;141~145.6 m,中细砂;145.6~151 m,黏土			ZM-2 号井:29.6	2	潜水、浅层承压水	良好	无
20	陕西森纳房地产公司	人工填土,第四系全新统冲积黄土状土和砂土,上更新统残积古土壤,冲洪积黏土和砂土,冲洪积粉质黏土和砂类土	2008 年废弃					良好	无
21	陕西伟达制药公司								
22	西安羊米股份有限公司							良好	无

续表 2-4

序号	单位名称	地层结构	含水介质	砂厚比	渗透系数 (m/d)	含水层层数	含水层性质	回灌效果	有无堵塞
23	陕西省公安边防总队	0~10 m 为黏土、粉质黏土，其间夹有透镜状中细砂；10~22 m 为含砾中细砂；22~55 m 为细砂、细中砂夹一层厚 1.6 m 透镜粉质黏土层；55~57 m 为较稳定的粉质黏土层；57 m 以下为厚层中细砂夹薄层粉质黏土、粉质黏土			2#27.42、3#27.62、4#20.21		潜水	困难	堵塞
24	维美德造纸机械有限公司	地貌单元属于二级阶地，0~20 m 为黏土；20~32 m 为卵砾石；32~83 m 为厚层状粗砂、中粗砂或中粗砂含砾夹薄土层；83~92 m 为粉质黏土层；92~220 m 为粗砂、中粗砂或粗砂砾砂与粉土、黏土不等厚互层		49.45%~57.95%	1#4.15、2#7.11、3#8.17、4#9.50、5#7.65			良好	无
25	大兴新区建设有限公司	厂子倒闭、废弃							
26	维兰德小镇（明威实业）	中更新统冲洪积相细砂、中砂、粗砂或砾石。0~25.2 m 为一层较厚的粉质黏土与细砂互层；25.2~46 m 多为薄层状的中细砂；80~90 m 左右为厚层细砂与薄层中砂夹薄层状的粉质黏土、粉土	含水层为冲洪积砂、砂砾石	90%	17	2	浅层承压水	良好	无
27	枫林九溪	地貌单元属于灞河漫滩，地质上为第四系冲洪积层（Q^{al+pl}）。0~3.00 m 左右为粉土；3.00~60.00 m 左右为细砂、中砂与粉质黏土不等厚互层；60.00~187.00 m 左右为薄层粉质黏土与厚层的细砂互层	由中更新统冲洪积相细砂、中砂、粗砂或砂砾石组成	55%	1#8.4、4#11.3、5#11.75、6#12.09、7#13.09、8#11.25	2	浅层承压水	良好	无

续表 2-4

序号	单位名称	地层结构	含水介质	砂厚比	渗透系数 (m/d)	含水层层数	含水层性质	回灌效果	有无堵塞
27	枫林九溪	地貌单元属于灞河漫滩,地质上为第四系冲洪积层 (Q^{al+pl})。0~3.00 m 左右为粉土;3.00~60.00 m 左右为细中砂、中砂与粉质黏土不等厚互层;60.00~187.00 左右为薄层粉质黏土与细砂互层	由中更新统冲洪积相细砂、中砂、粗砂或砂砾石组成	55%	9#10.98、10#11.50、11#10.67、12#10.61、13#9.72、14#8.77、15#6.65、16#14.62、17#14.98、20#14.98、21#12.62、22#14.55、23#11.52、24#7.45、25#9.98、26#7.20、27#8.16、28#11.49、29#14.05、30#13.42、31#11.08、32#12.36、33#17.09、34#7.49、35#9.06、36#15.91、37#12.50、38#13.85、	2	浅层承压水	良好	无

续表 2-4

序号	单位名称	地层结构	含水介质	砂厚比	渗透系数（m/d）	含水层层数	含水层性质	回灌效果	有无堵塞
27	枫林九溪	地貌单元属于灞河漫滩，地质上为粉土层（Q^{al+pl}）。0～3.00 m 左右为粉土；3.00～60.00 m 左右为细中砂、中砂与薄层粉质黏土不等厚互层；60.00～187.00 左右为薄层粉质黏土与细砂互层	由中更新统冲洪积相细砂、中砂、粗砂或砂砾石组成	55%	39#6.5、40#5.9、41#6.41、42#6.47	2	浅层承压水	良好	无
28	西安国际港务区	0～10 m 为黏土，10～15 m 为漂卵石，15～22 m 为黏土，22～30 m 为砂卵石，30～45 m 为黏土，45～50 m 为砂卵石，50～60 为黏土，60～65 m 为砂砾石，65～80 为黏土，80～90 为中砂含砾夹黏土，90～135 为黏土						良好	无
29	仁里小区	二级阶地中部，粉质黏土等厚层中粗砂	承压水含水岩组：岩性以粉质黏土、粉土与中细砂、中粗砂不等厚互层		7.334	3	深层承压水	良好	无
30	航天常青苑	2～20 m 左右为黏土；20～54 m 左右为细砂、中砂与粉土不等厚互层；54～120 m 为较厚层中粗砂、粗砂与粉质黏土、粉土互层			1#2.98、2#3.75、3#4.41、4#4.00、5#3.35、6#4.50、7#5.00			良好	1 口井堵塞

续表2-4

序号	单位名称	地层结构	含水介质	砂厚比	渗透系数(m/d)	含水层层数	含水层性质	回灌效果	有无堵塞
31	陕西振彭御品轩食品有限公司	渭河漫滩，由全新统上部冲积层组成。0~10 m 为卵砾石；10~15 m 为一层比较稳定的粉土；20 m 以下为厚层的中砂、中粗砂、中粗砂含砾夹薄层的粉土、黏土			2#11.14、3#12.91、4#9.49、5#9.48、6#17.29、7#12.52			良好	无
32	印刷包装产业基地	0~11 m 为卵砾石，11~25 m 为中砂，25~35 m 为粉质黏土，35~65 m 为中粗砂，65~90 m 为黏土，90~110 m 为中砂，110~125 为粉质黏土，125~160 m 为中粗砂含砾石，160~165 为粉土，165~180 m 为粗砂含砾石						良好	无
33	西安欧佳工艺品责任公司		厂子倒闭，废弃						
34	华天科技有限公司	渭河二级阶地						良好	无
35	古都放心早餐	黏土、细中砂含砾石，细中砂含砾石、中粗砂含砾石						困难	有
36	陕西省医药物流公司	该地地貌上部属灞河一级阶地，下部属渭河一级阶地，主要以卵砾石、粗砂含砾、粗砂为主			4#34.38			困难	有
37	陕西省蓝晶光电科技股份有限公司		公司停产，未使用						

2.2.1　水源热泵系统分布情况

通过调研确定西安市现有地下水源热泵系统共 37 个单位,其中浐灞商务区打井仅作为浐灞生态区管委会行政大楼、浐灞行政楼旁四方楼水源热泵项目的勘探井,不作为水源热泵项目使用。本次仅对其余 36 个单位进行分析,共涉及 4 个分区(东区、南区、西区、北区),水井 388 口。

东区 9 个单位,152 口井。包括西安浐河半坡湖、浐灞生态区管委会行政大楼、浐灞行政楼旁四方楼、西安东尚小区(老)、东尚小区(新)、陕西省核工业地质局二二四大队、锦江国际酒店、西安泵阀总厂、世园大公馆。

南区 12 个单位,81 口井。包括莹朴大厦、航天恒星科技股份公司、西安肇兴制药公司、航空家属院、交通规划设计研究院、陕西宾馆、西安赫斯医药科技公司、陕西飞轮电气化器材有限公司、神州数码实业有限公司、陕西森纳房地产、陕西伟达制药公司、西安开米股份有限公司。

西区 3 个单位,19 口井。包括陕西省公安边防总队、维美德造纸机械有限公司、大兴新区建设有限公司。

北区 12 个单位,136 口井。包括维兰德小镇(明威实业)、枫林九溪、西安国际港务区、仁里小区、航天常青苑、陕西振彰御品轩食品有限公司、印刷包装产业基地、西安欧佳工艺品责任公司、华天科技有限公司、古都放心早餐、陕西省医药物流公司、陕西省蓝晶光电科技股份有限公司。西安市水源泵分布见图 2-6。

2.2.2　水源热泵系统井位图

本次画了 27 个项目的井位图,26 个项目都是正在使用,其中 19 个是运行良好的。其余 9 个项目没有井位图,主要是因为项目未启用或者由于厂子倒闭,井已经填埋废弃,或者开发商和管理部门几经更换,资料丢失。井位图见图 2-7 ~ 图 2-33,西安市已有水源热泵系统项目井位布局比例见图 2-34。

西安市大部分水源热泵项目都因实地场地区域条件限制,抽灌井主要分布于围绕场地的外围矩形边界上,包括西安东尚小区(老)、东尚小区(新)、锦江国际酒店、西安泵阀总厂、航空家属院、交通规划设计研究院、西安赫斯医药科技公司、枫林九溪、仁里小区、印刷包装产业基地 10 个项目。

直线型包括浐灞行政楼旁四方楼、陕西森纳房地产、西安开米股份有限公司、陕西省公安边防总队、古都放心早餐、陕西省蓝晶光电科技股份有限公司、陕西省核工业地质局二二四大队、航天恒星科技股份公司、西安国际港务区、航天常青苑、华天科技有限公司 11 个项目。

L 型包括浐灞生态区管委会行政大楼、维美德造纸机械有限公司、维兰德小镇(明威实业)、陕西振彰御品轩食品有限公司、陕西省医药物流公司、神州数码实业有限公司 6 个项目。

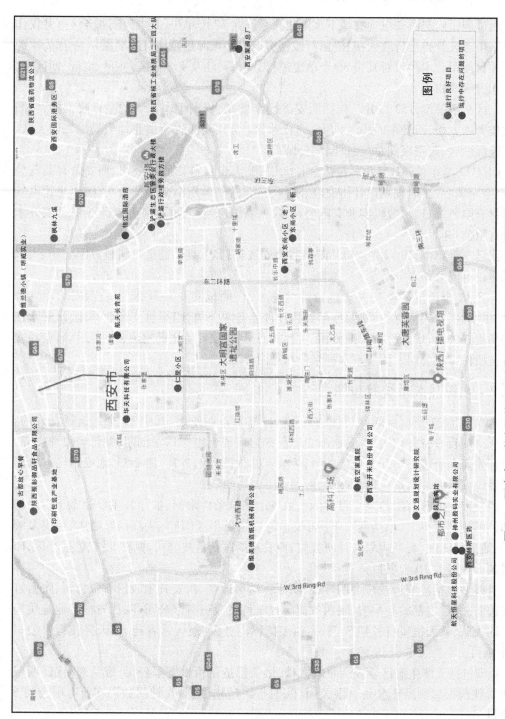

图 2-6　西安市已有水源热泵系统分布图（各项目具体情况见表 2-3）

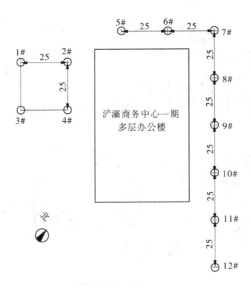

图 2-7　浐灞生态区管委会行政大楼井位图　（单位:m）

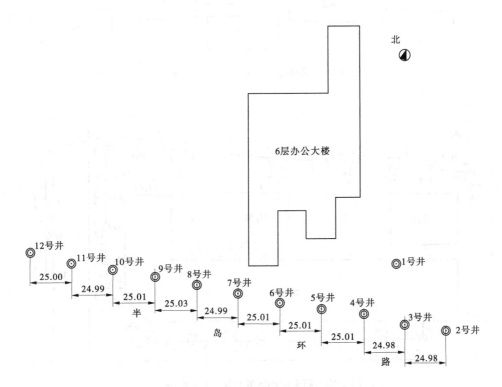

图 2-8　浐灞行政楼(四方楼)井位图　（单位:m）

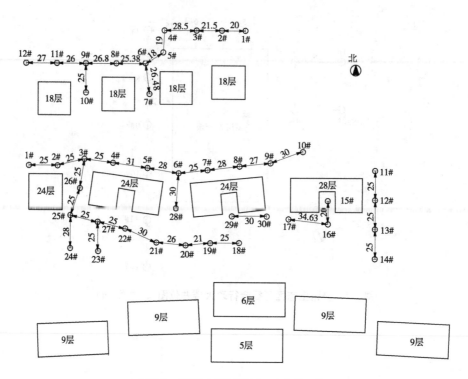

图 2-9　东尚小区井位图　（单位：m）

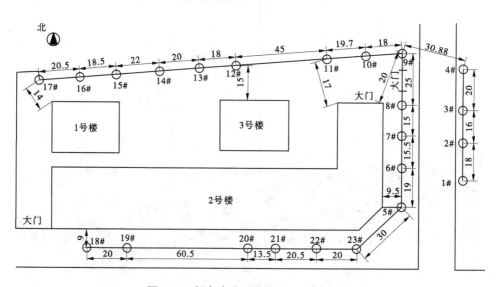

图 2-10　新东尚小区井位图　（单位：m）

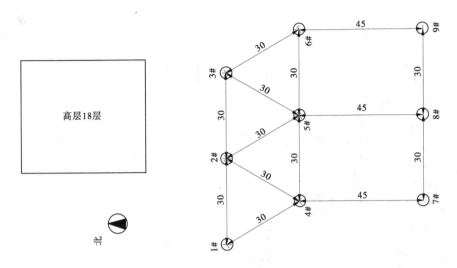

图 2-11　陕西省核工业地质局二二四大队井位图　（单位：m）

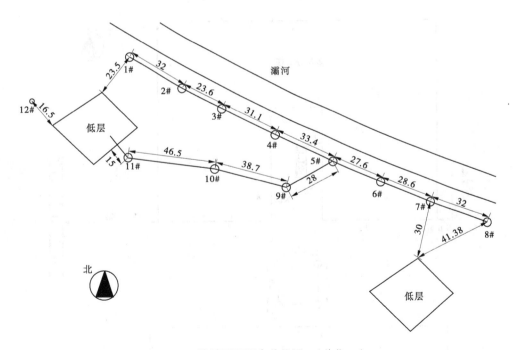

图 2-12　锦江国际酒店井位图　（单位：m）

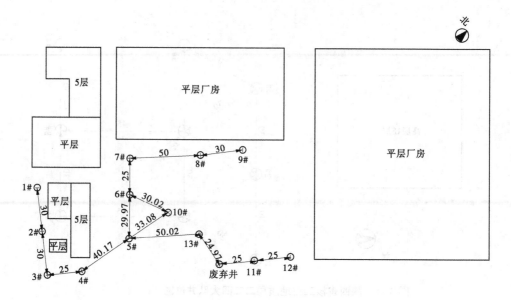

图 2-13　西安泵阀总厂井位图　（单位：m）

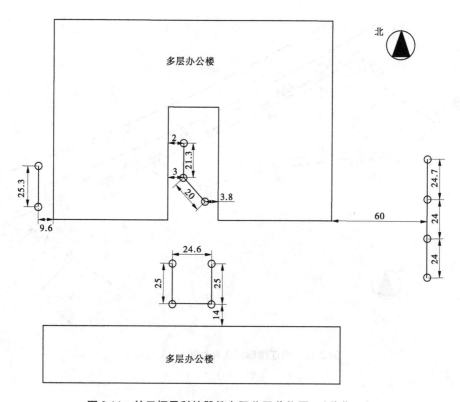

图 2-14　航天恒星科技股份有限公司井位图　（单位：m）

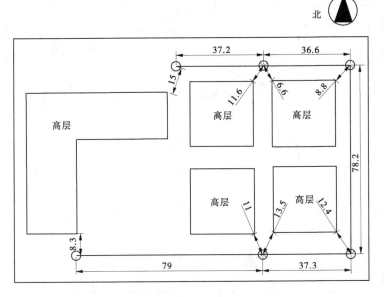

图 2-15　航空家属院井位图　（单位:m）

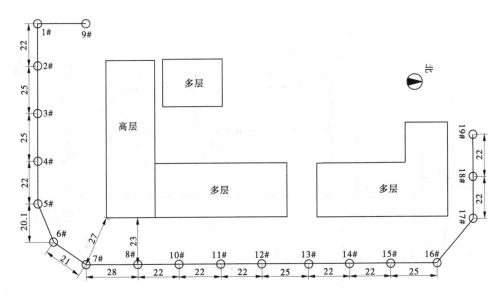

图 2-16　交通规划设计研究院井位图　（单位:m）

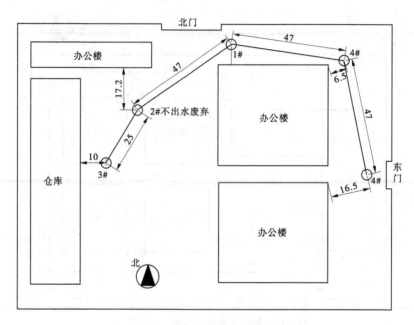

图 2-17　西安赫斯医药科技公司井位图　（单位：m）

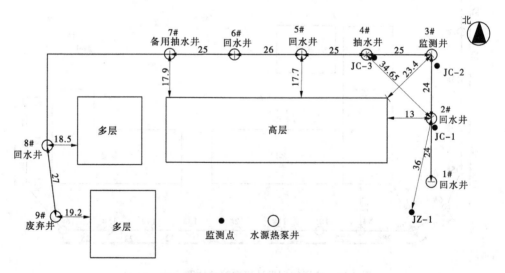

图 2-18　神州数码实业有限公司井位图　（单位：m）

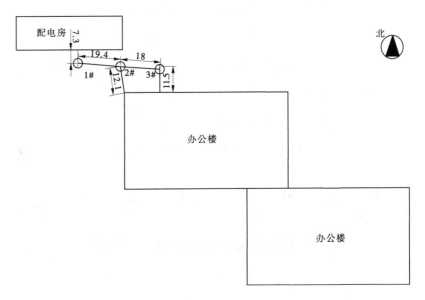

图 2-19　陕西森纳房地产井位图　（单位：m）

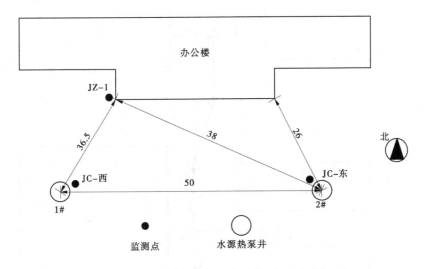

图 2-20　西安开米股份有限公司井位图　（单位：m）

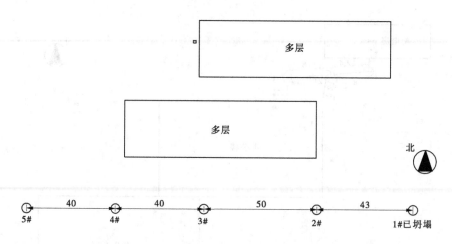

图 2-21　陕西省公安边防总队井位图　（单位:m）

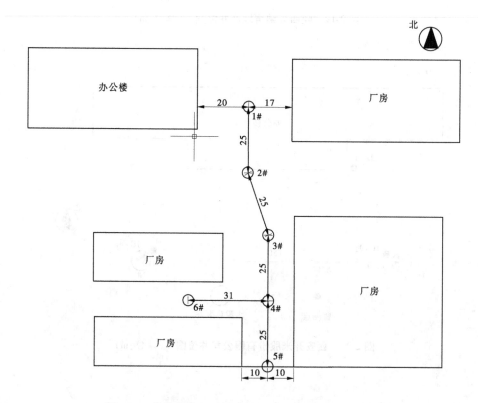

图 2-22　维美德造纸机械有限公司井位图　（单位:m）

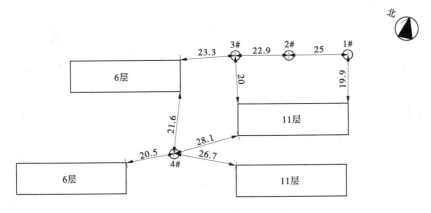

图 2-23　维兰德小镇井位图　（单位：m）

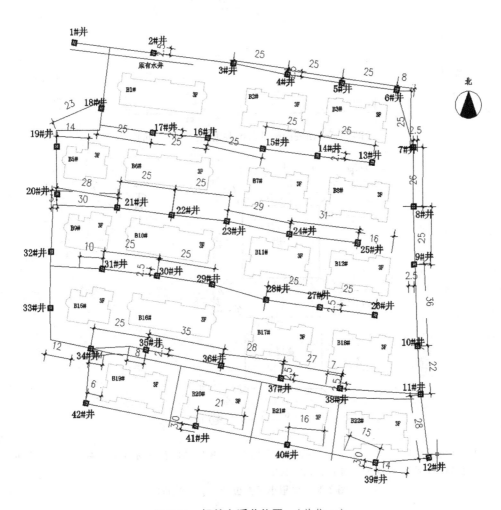

图 2-24　枫林九溪井位图　（单位：m）

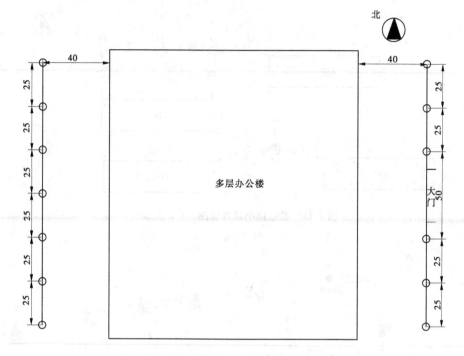

图 2-25　西安国际港务区井位图　（单位:m）

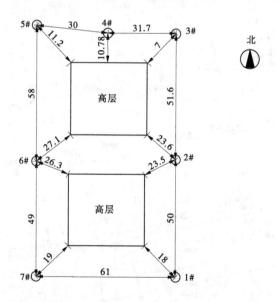

注:运行模式是 1 抽 6 灌,当供热能力不足时,运行模式会调整为 2 抽 5 灌,抽水井在 3#、4#、5#井之间轮换,
例如 4#井抽水时,3#、5#井均作为回水井使用。

图 2-26　仁里小区井位图　（单位:m）

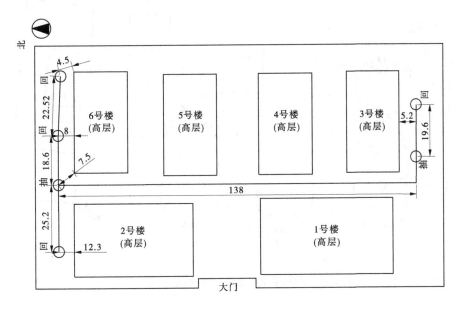

图 2-27　航天常青苑井位图　（单位:m）

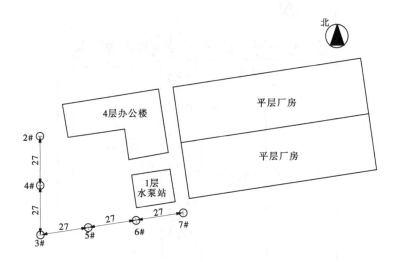

图 2-28　陕西振彰御品轩食品有限公司井位图　（单位:m）

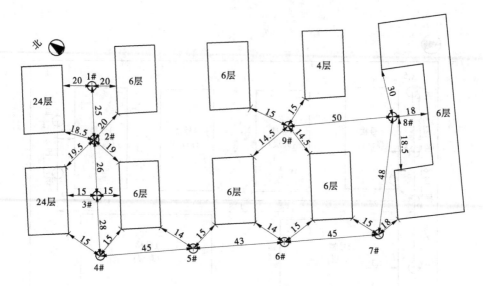

图 2-29　印刷包装产业基地井位图　（单位：m）

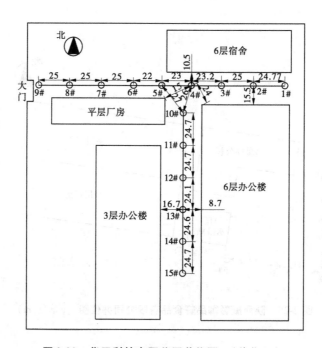

图 2-30　华天科技有限公司井位图　（单位：m）

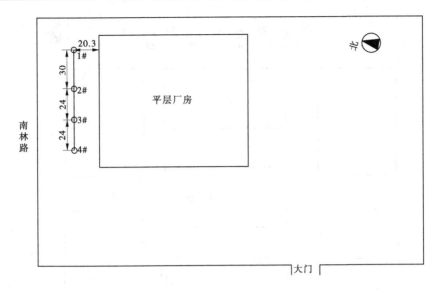

图 2-31　古都放心早餐井位图　（单位：m）

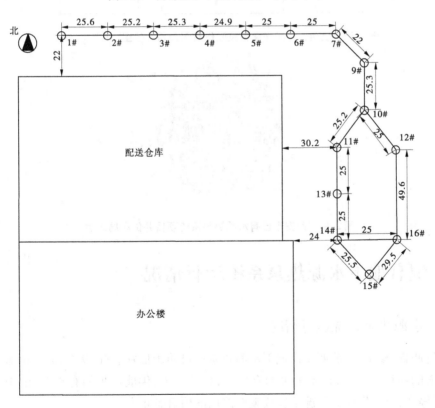

图 2-32　陕西省医药物流总公司井位图　（单位：m）

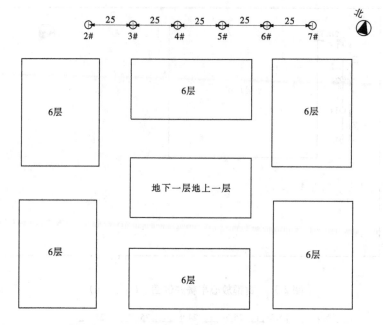

图 2-33　陕西省蓝晶光电科技股份有限公司井位图　（单位：m）

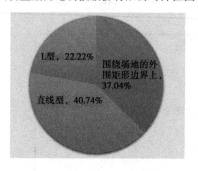

图 2-34　西安市已有水源热泵系统项目井位布局比例

2.3　现有地下水源热泵系统运行情况

2.3.1　水源热泵系统运行情况

经过调查、核实，目前西安市地下水源热泵项目使用良好的有 19 个，回灌困难或者回灌不下去的项目有 7 个，抽不上水的有 3 个，含沙量大、供能不足的有 4 个，由于厂址搬迁、公司停产、公司倒闭等情况填埋或废弃停用的项目有 6 个。

（1）使用良好的地下水源热泵项目包括浐灞生态区管委会行政大楼、浐灞行政楼旁四方楼、西安东尚小区（老）、东尚小区（新）、陕西省核工业地质局二二四大队、西安泵阀总厂、航空家属院、交通规划设计研究院、神州数码实业有限公司、陕西森纳房地产、西安开米股份有限公司、维美德造纸机械有限公司、维兰德小镇（明威实业）、枫林九溪、西安国际港务区、仁里小区、陕西振彰御品轩食品有限公司、印刷包装产业基地、华天科技有限公司。

（2）回灌困难或者回灌不下去的项目：①锦江国际酒店水源热泵从使用至今未洗过井而造成井堵塞，在使用过程中回灌困难，目前用一阵关一阵，直到水回下去再使用。②陕西宾馆共有 6 口井，在使用过程中有 3 口井回灌不下去，已经废弃，其他井抽上来的水含沙量大，现在项目基本闲置，只有每年的夏季使用几天。③航天恒星科技股份公司共有 14 口井，建成初期使用时有 2 口井回灌困难，现在恢复正常。④古都放心早餐因回水井堵塞，导致水无法回灌，已涌出地面，项目暂时停用，后续洗完井后继续使用。⑤陕西省医药物流公司共有 15 口井，每次仅使用 6 口，2014 年出现水回灌不下去的情况，现在恢复正常。⑥陕西飞轮电气化器材有限公司已经搬迁，原水源热泵项目由于回灌困难 2014年停用。⑦陕西省公安边防总队共有 6 口井，1 口坍塌，2 口废弃，3 口抽回效果不好，2017 年夏季停用，由于后续洗井费用高准备废弃。

（3）钻井之后，抽不上水的项目：①西安赫斯医药共有 5 口井，其中 1 口井抽不上水，目前正常使用 4 口井，1 抽 3 回。②航天常青苑共有 7 口井，其中 1 口井因井内管路堵塞，抽不上水已废弃，其他 6 口井（2 抽 4 灌）正常使用。③陕西省公安边防总队 3 口井抽回效果不好。

（4）水中泥沙含量大、供能不足的项目：①西安浐河半坡湖由于地下水含沙量大造成井堵塞，供能不足，2008 年已经废弃。②陕西宾馆共有 6 口井，在使用过程中有 3 口井回灌不下去已经废弃，其他井抽上来的水含沙量大，现在项目基本闲置，只有每年的夏季使用几天。③陕西省公安边防总队共有 6 口井，1 口坍塌，2 口废弃，3 口抽回效果不好，2017 年夏季停用，由于后续洗井费用高准备废弃。④世园大公馆由于水源热泵项目后期维护费用高，已经更换供热方式，未启用。

（5）公司倒闭、厂址搬迁造成井废弃的项目：①西安肇兴制药公司厂房于 2016 年 4月拆除，水源热泵井已经填埋。②陕西伟达制药公司厂房废弃，水源热泵项目已废弃。③陕西省蓝晶光电科技股份有限公司已停产 2 年，水源热泵项目已经停用。④莹朴大厦项目、大兴新区建设有限公司项目、西安欧佳工艺品责任公司项目 3 个废弃停用。

（6）西安市正常使用水源热泵项目夏季运行时间为每年的 6 月 1 日至 8 月 31 日（具体时间按照当年天气温度变化稍有调整），冬季运行时间为每年的 11 月 15 日至次年 3 月15 日。

2.3.2　水源热泵系统回灌率

本次主要调研并计算了以下 16 个水源热泵项目制冷季和采暖季的回灌率。

制冷季：维兰德小镇（明威实业）、陕西振彰御品轩食品有限公司、仁里小区、西安东尚小区（老）、东尚小区（新）、枫林九溪二期、西安国际港务区、西安泵阀总厂、航天恒星科技股份公司二期、神州数码实业有限公司这 10 个水源热泵项目的回灌效果都很好，回灌率在 95% ~ 100%，基本满足水源热泵空调系统水损耗不小于 5% 的要求。航天常青苑、印刷包装产业基地、枫林九溪一期和航天恒星科技股份公司一期 4 个项目次之,回灌率处于 90% ~95% ,回灌率有待于加强。维美德造纸机械有限公司和陕西省医药物流公司水源热泵项目回灌率略差,分别为 84.5% 和 83.1% 。具体见表 2-5。

表 2-5　制冷季抽回灌量统计表

序号	单位	行政区域	抽水量(m³)	回灌水量(m³)	回灌率(%)
1	维兰德小镇(明威实业)		47 897	47 129	98.4
2	陕西振彰御品轩食品有限公司		139 871	139 560	99.8
3	印刷包装产业基地	未央区	162 606	149 951	92.2
4	维美德造纸机械有限公司		39 220	33 159	84.5
5	航天常青苑		92 451	83 702	90.5
6	仁里小区		97 322	95 747	98.4
7	西安东尚小区(老)	碑林区	258 391	258 036	99.9
8	东尚小区(新)	新城区	245 901	245 495	99.8
9	枫林九溪一期		103 021	93 096	90.4
10	枫林九溪二期		270 787	263 065	97.1
11	西安国际港务区	灞桥区	275 670	269 863	97.9
12	西安泵阀总厂		144 434	142 796	98.9
13	陕西省医药物流公司		459 657	381 967	83.1
14	航天恒星科技股份公司一期		54 360	50 673	93.2
15	航天恒星科技股份公司二期	雁塔区	53 113	51 589	97.1
16	神州数码实业有限公司		66 112	65 461	99.01
17	合计		2 510 813	2 371 289	94.4

采暖季:维兰德小镇(明威实业)、印刷包装产业基地、仁里小区、西安东尚小区(老)、东尚小区(新)、枫林九溪 B 区、西安国际港务区、西安泵阀总厂、航天恒星科技股份公司二期、神州数码实业有限公司这 10 个水源热泵项目的回灌效果都很好,回灌率在 95% ~100% 。陕西振彰御品轩食品有限公司和航天恒星科技股份公司一期 2 个项目次之,回灌率处于 90% ~95% 。维美德造纸机械有限公司、航天常青苑、枫林九溪、陕西省医药物流公司水源热泵项目回灌率略差,分别为 75.1% 、88.7% 、85.5% 、87.1% 。具体见表 2-6。

表 2-6　采暖季抽回灌量统计表

序号	单位	行政区域	抽水量(m³)	回灌水量(m³)	回灌率(%)
1	维兰德小镇(明威实业)	未央区	88 508	87 850	99.2
2	陕西振彰御品轩食品有限公司		394 995	370 663	93.8
3	印刷包装产业基地		267 319	260 377	97.4
4	维美德造纸机械有限公司		34 400	25 834	75.1
5	航天常青苑		234 939	208 383	88.7
6	仁里小区		155 436	151 660	97.6
7	西安东尚小区(老)	碑林区	394 776	394 634	99.9
8	东尚小区(新)	新城区	396 134	395 942	99.9
9	枫林九溪	灞桥区	187 858	163 029	85.5
10	枫林九溪 B 区		352 475	350 937	99.6
11	西安国际港务区		463 765	455 640	98.2
12	西安泵阀总厂		186 985	184 724	98.8
13	陕西省医药物流公司	雁塔区	404 829	352 769	87.1
14	航天恒星科技股份公司一期		141 482	132 513	93.7
15	航天恒星科技股份公司二期		89 005	88 194	99.1
16	神州数码实业有限公司		113 942	110 805	97.2
17	合计		3 906 848	3 733 954	95.6

2.4　现有地下水源热泵系统运行存在的主要问题

根据以上资料分析,西安市现有地下水源热泵系统运行主要存在以下问题:

(1)在调研过程中,有 7 个项目一度出现回灌不下去或者回灌困难的情况,导致项目暂停使用。主要原因包括:一是,由于一直使用没有洗井造成井堵塞,水难以回灌;二是,抽上来的水含沙量大导致井堵塞,水回灌不下去。

(2)对 16 个项目制冷季和采暖季的回灌率进行计算,制冷季有 4 个项目不能满足水源热泵空调系统水损耗不小于 5% 的要求,2 个项目的回灌率低于 90%,略差。采暖季有 2 个项目不能满足水源热泵空调系统水损耗不小于 5% 的要求,3 个项目的回灌率低于 90%,1 个项目的回灌率低于 80%,较差。

(3)有 3 个项目个别井钻完井后抽不上水,成为废弃的井。

(4)10 个水源热泵项目废弃或停用。主要原因包括:一是,抽上来的水含泥沙量较多,造成系统管路堵塞,供能不足,更换其他方式;二是,由于后续维修工作量大且维修费用高,导致井废弃停用、准备废弃或者未启用;三是,由于厂址搬迁、公司停产、公司倒闭等情况填埋或废弃停用。

第 3 章　现场监测

3.1　监测点位选择

经过现场查勘并结合成井资料的完整性,同时根据不同的抽灌布局及抽灌比确定代表型项目。神州数码为 L 型布局,1 抽 6 灌 1 监测,为西安市比较多见的抽灌布局。开米股份为直线型 1 抽 1 灌布局,布局比较少见,但由于应用荷兰先进技术,增加了热效率,从而减少了抽灌比。从研究新型高效节能的角度出发,选定开米股份为本次监测项目之一。仁里小区抽灌井主要分布于围绕场地的外围矩形边界上,1 抽 6 灌,为提高回灌效率,小区抽水井和回灌井不定期进行轮换,且仁里小区为人口密集区域,在使用水源热泵时间段内采取 24 h 运行,在西安市城区内属于比较典型的不间断运行小区。从以上角度出发,确定神州数码、开米股份、仁里小区为本次水源热泵项目监测地点。

神州数码项目所在地地形平坦,地面标高介于 408 ~ 411 m,地貌单元属于一级阶地,地质上为第四系全新统冲洪积层,该区的地下水含水岩组划分为潜水和浅层承压水两大含水岩组,潜水含水岩组和承压含水岩组的分界面在 70 ~ 80 m;浅层承压水含水岩组底板埋深在 170 ~ 180 m。钻孔岩性大致分为五层,埋深 0 ~ 50 m 为第一层,以黏土为主。埋深 50 ~ 80 m 为第二层,以中细砂、中细砂含砾为主。埋深 80 ~ 110 m 为第三层,以黏土为主。埋深 110 ~ 130 m 为第四层,以中细砂为主。埋深 130 ~ 150 m 为第五层,以黏土为主,夹有两层中细砂或细砂,厚 1.6 ~ 3.6 m。其中第二层和第四层为主要的含水层,滤管长度都为 15 m。第二层滤管位置为埋深 51 ~ 66 m 处,第四层滤管位置为埋深 115 ~ 130 m。

神州数码项目所在地(见图 3-1)共有 9 口井,目前共有 7 口井在使用,9 号井废弃填

图 3-1　神州数码项目所在地

埋,3 号井停用,可作为本次项目的监测井。场地内现有井位分布如图 3-2 所示。现阶段运行模式是 1 抽 6 灌(4 号井抽水,1、2、5、6、7、8 号井注水),当供热能力不足时,运行模式会调整为 2 抽 5 灌(4、7 号井抽水,1、2、5、6、8 号井注水)。热泵工作时间为工作日(周一至周五)七点半至十七点半,周末不工作(由于周末井不工作,周一井抽注水提前至七点开始)。

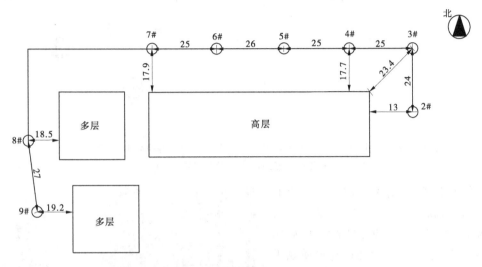

图 3-2　神州数码场地内现有井位分布　(单位:m)

开米股份项目所在地(见图 3-3)与神州数码项目所在地距离较近,二者地貌单元、地层岩性、水文地质条件相同。开米股份现有一口抽水井、一口回水井。成井时间不长,相关设备为自动化操作,有水位、水温实时监测系统,实时动态显示相关参数,监测条件较好。场地内现有井位分布如图 3-4 所示。热泵在工作日白天上班时间工作,周末不工作。

图 3-3　开米股份项目所在地

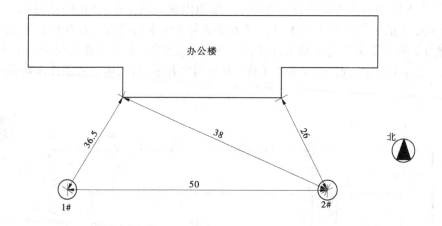

注:抽灌模式为 1 抽 1 灌,供暖季 1#井抽水,2#井回水;供冷季 2#井抽水,1#井回水。

图 3-4　开米股份场地内现有井位分布　（单位:m）

仁里小区(见图 3-5)位于西安市北郊,地面标高介于 392.49～392.67 m,地貌单元属于二级阶地,组成物上为 10 余 m 黄土,下为砂及砂砾石与粉质黏土互层,厚 30～50 m。区内 300 m 以浅地层有中下更新统冲湖积沉积层、上更新统下部冲积层、上更新统风积层和全新统冲积层。区内地下水分为潜水和浅层承压水两大含水岩组,潜水含水岩组埋深一般在 60～70 m,该区位于较强富水区前缘地带,单位涌水量 10～25 m³/(h·m),岩性为粉质黏土、粉土与中细砂、中粗砂不等厚互层。

仁里小区共有 7 口井,目前都在正常使用。场地内现有井位分布如图 2-26 所示。现阶段运行模式是 1 抽 6 灌,当供热能力不足时,运行模式会调整为 2 抽 5 灌,仁里小区的抽水井和回水井都不固定,具体抽水井和回水井由物业管

图 3-5　仁里小区

理单位依据实际情况自行调整,没有可以作为监测的井位。热泵工作时间为全天 24 h 工作,节假日不停泵。

3.2　现场监测情况

　　根据调查情况确定了神州数码实业有限公司、开米股份、仁里小区,并根据各点的使用情况和运行时间制订了完善的现场监测方案。

3.2.1　神州数码监测

3.2.1.1　水位监测

　　现阶段为 1 抽 6 灌,对抽水井(4 号)及监测井(3 号)水位进行监测。监测井水位监测见图 3-6。后期的监测每天在热泵开启前监测记录一次井水位;经过对抽水初期的几次水位监测,发现 1 h 内水位下降明显,后期的监测方案为在抽水开始 1 h 监测记录一次,然后每 4 h 监测记录一次;停泵后,初期水位会明显回升,后期的监测仅在 19 点监测记录一次井水位。

图 3-6　神州数码监测井水位监测

　　在 2 抽 5 灌的模式下(具体时间联系物业让其及时告知),需对抽水井(4、7 号井)及监测井(3 号井)进行水位监测。具体监测频次参照 1 抽 6 灌模式。神州数码水位监测数据见表 3-1 ~ 表 3-5。

表 3-1　神州数码地下水源热泵系统运行监测数据（1）

序号	监测日期	监测时间		4#抽水井		序号	监测日期	监测时间		4#抽水井	
		时	分	水位（m）	温度（℃）			时	分	水位（m）	温度（℃）
1	2016 年 11 月 21 日	8	00	23.900		30	2016 年 11 月 21 日	17	07	23.855	
2	2016 年 11 月 21 日	8	20	23.930		31	2016 年 11 月 21 日	17	08	23.915	
3	2016 年 11 月 21 日	8	40	23.975		32	2016 年 11 月 21 日	17	09	23.958	
4	2016 年 11 月 21 日	8	50	23.985		33	2016 年 11 月 21 日	17	10	23.978	
5	2016 年 11 月 21 日	9	00	24.008		34	2016 年 11 月 21 日	17	11	23.998	
6	2016 年 11 月 21 日	9	10	24.011		35	2016 年 11 月 21 日	17	12	24.008	
7	2016 年 11 月 21 日	9	22	24.032		36	2016 年 11 月 21 日	17	13	24.002	
8	2016 年 11 月 21 日	9	30	24.041		37	2016 年 11 月 21 日	17	14	24.038	
9	2016 年 11 月 21 日	9	40	24.051		38	2016 年 11 月 21 日	17	15	24.053	
10	2016 年 11 月 21 日	10	00	24.068		39	2016 年 11 月 21 日	17	16	24.058	
11	2016 年 11 月 21 日	10	20	24.082		40	2016 年 11 月 21 日	17	19	24.063	
12	2016 年 11 月 21 日	10	40	24.093		41	2016 年 11 月 21 日	17	25	24.086	
13	2016 年 11 月 21 日	11	00	24.104		42	2016 年 11 月 21 日	17	30	24.118	
14	2016 年 11 月 21 日	11	30	24.116		43	2016 年 11 月 21 日	17	31	18.640	
15	2016 年 11 月 21 日	12	00	24.133		44	2016 年 11 月 21 日	17	32	17.930	
16	2016 年 11 月 21 日	13	00	24.155		45	2016 年 11 月 21 日	17	33	17.480	
17	2016 年 11 月 21 日	14	00	24.170		46	2016 年 11 月 21 日	17	34	17.405	
18	2016 年 11 月 21 日	15	00	24.194		47	2016 年 11 月 21 日	17	35	17.342	
19	2016 年 11 月 21 日	16	00	24.210		48	2016 年 11 月 21 日	17	36	17.470	
20	2016 年 11 月 21 日	16	56	19.010		49	2016 年 11 月 21 日	17	37	17.460	
21	2016 年 11 月 21 日	16	57	19.235		50	2016 年 11 月 21 日	17	38	17.298	
22	2016 年 11 月 21 日	16	58	19.260		51	2016 年 11 月 21 日	17	39	17.340	
23	2016 年 11 月 21 日	16	59	19.270		52	2016 年 11 月 21 日	17	40	17.492	
24	2016 年 11 月 21 日	17	00	19.285		53	2016 年 11 月 21 日	17	41	17.402	
25	2016 年 11 月 21 日	17	01	19.285		54	2016 年 11 月 21 日	17	42	17.566	
26	2016 年 11 月 21 日	17	03	23.315		55	2016 年 11 月 21 日	17	43	17.568	
27	2016 年 11 月 21 日	17	04	23.525		56	2016 年 11 月 21 日	17	44	18.270	
28	2016 年 11 月 21 日	17	05	23.650		57	2016 年 11 月 21 日	17	45	19.010	
29	2016 年 11 月 21 日	17	06	23.755		58	2016 年 11 月 21 日	17	46	19.178	

续表 3-1

序号	监测日期	监测时间		4#抽水井		序号	监测日期	监测时间		4#抽水井	
		时	分	水位（m）	温度（℃）			时	分	水位（m）	温度（℃）
59	2016 年 11 月 21 日	17	47	19.246		67	2016 年 11 月 21 日	18	20	19.283	
60	2016 年 11 月 21 日	17	48	19.265		68	2016 年 11 月 21 日	18	30	19.272	
61	2016 年 11 月 21 日	17	51	19.280		69	2016 年 11 月 21 日	19	00	19.254	
62	2016 年 11 月 21 日	17	52	19.285		70	2016 年 11 月 21 日	19	30	19.228	
63	2016 年 11 月 21 日	17	53	19.287		71	2016 年 11 月 21 日	20	00	19.216	
64	2016 年 11 月 21 日	17	55	19.292		72	2016 年 11 月 21 日	20	30	19.206	
65	2016 年 11 月 21 日	18	00	19.295		73	2016 年 11 月 21 日	21	00	19.201	
66	2016 年 11 月 21 日	18	10	19.295		74	2016 年 11 月 21 日	22	00	19.195	

表 3-2　神州数码地下水源热泵系统运行监测数据（2）

序号	监测日期	监测时间		4#抽水井		序号	监测日期	监测时间		4#抽水井	
		时	分	水位（m）	温度（℃）			时	分	水位（m）	温度（℃）
1	2016 年 11 月 22 日	7	15	19.390		17	2016 年 11 月 22 日	9	30	24.307	
2	2016 年 11 月 22 日	7	30	19.372		18	2016 年 11 月 22 日	10	00	24.316	
3	2016 年 11 月 22 日	7	35	23.571		19	2016 年 11 月 22 日	11	00	24.345	
4	2016 年 11 月 22 日	7	36	23.673		20	2016 年 11 月 22 日	12	00	24.366	
5	2016 年 11 月 22 日	7	37	23.775		21	2016 年 11 月 22 日	15	40	24.408	17.5
6	2016 年 11 月 22 日	7	38	23.864		22	2016 年 11 月 22 日	17	00	24.458	17.5
7	2016 年 11 月 22 日	7	39	23.926		23	2016 年 11 月 22 日	17	37	18.253	17.5
8	2016 年 11 月 22 日	7	40	23.978		24	2016 年 11 月 22 日	17	38	17.612	17.5
9	2016 年 11 月 22 日	7	45	24.033		25	2016 年 11 月 22 日	17	39	17.524	17.5
10	2016 年 11 月 22 日	7	50	24.062		26	2016 年 11 月 22 日	17	40	17.510	17.5
11	2016 年 11 月 22 日	7	55	24.106		27	2016 年 11 月 22 日	17	41	17.438	17.5
12	2016 年 11 月 22 日	8	00	24.128		28	2016 年 11 月 22 日	17	42	17.426	17.5
13	2016 年 11 月 22 日	8	10	24.174		29	2016 年 11 月 22 日	17	43	17.524	17.5
14	2016 年 11 月 22 日	8	20	24.198		30	2016 年 11 月 22 日	17	44	17.377	17.5
15	2016 年 11 月 22 日	8	40	24.234		31	2016 年 11 月 22 日	17	45	17.396	17.5
16	2016 年 11 月 22 日	9	00	24.276		32	2016 年 11 月 22 日	17	50	19.156	17.5

续表 3-2

序号	监测日期	时	分	水位（m）	温度（℃）	序号	监测日期	时	分	水位（m）	温度（℃）
		监测时间		4#抽水井				监测时间		4#抽水井	
33	2016 年 11 月 22 日	17	55	19.485	17.5	37	2016 年 11 月 22 日	19	00	19.479	17.2
34	2016 年 11 月 22 日	18	00	19.516	17.2	38	2016 年 11 月 22 日	20	00	19.425	17.2
35	2016 年 11 月 22 日	18	05	19.527	17.2	39	2016 年 11 月 22 日	21	00	19.384	17.2
36	2016 年 11 月 22 日	18	15	19.524	17.2	40	2016 年 11 月 22 日	22	00	19.332	17.2

表 3-3　神州数码地下水源热泵系统运行监测数据（3）

序号	监测日期	时	分	水位（m）	温度（℃）	序号	监测日期	时	分	水位（m）	温度（℃）
		监测时间		3#抽水井				监测时间		4#抽水井	
1	2016 年 11 月 22 日	7	15	18.650		22	2016 年 11 月 22 日	9	20	18.903	
2	2016 年 11 月 22 日	7	30	18.662		23	2016 年 11 月 22 日	10	00	18.900	
3	2016 年 11 月 22 日	7	45	19.065		24	2016 年 11 月 22 日	11	00	18.898	
4	2016 年 11 月 22 日	7	46	19.055		25	2016 年 11 月 22 日	12	00	18.898	
5	2016 年 11 月 22 日	7	47	19.040		26	2016 年 11 月 22 日	15	30	18.882	
6	2016 年 11 月 22 日	7	48	19.030		27	2016 年 11 月 22 日	16	30	18.880	16.8
7	2016 年 11 月 22 日	7	49	19.016		28	2016 年 11 月 22 日	17	30	18.894	16.8
8	2016 年 11 月 22 日	7	50	19.012		29	2016 年 11 月 22 日	17	37	18.610	16.8
9	2016 年 11 月 22 日	7	51	18.995		30	2016 年 11 月 22 日	17	38	18.478	16.8
10	2016 年 11 月 22 日	7	52	18.975		31	2016 年 11 月 22 日	17	39	18.442	16.8
11	2016 年 11 月 22 日	7	53	18.975		32	2016 年 11 月 22 日	17	40	18.396	16.8
12	2016 年 11 月 22 日	7	54	18.972		33	2016 年 11 月 22 日	17	41	18.378	16.8
13	2016 年 11 月 22 日	7	55	18.966		34	2016 年 11 月 22 日	17	42	18.364	16.8
14	2016 年 11 月 22 日	7	56	18.960		35	2016 年 11 月 22 日	17	43	18.356	16.8
15	2016 年 11 月 22 日	7	57	18.955		36	2016 年 11 月 22 日	17	44	18.350	16.8
16	2016 年 11 月 22 日	8	00	18.940		37	2016 年 11 月 22 日	17	45	18.344	16.8
17	2016 年 11 月 22 日	8	05	18.943		38	2016 年 11 月 22 日	17	50	18.458	16.8
18	2016 年 11 月 22 日	8	10	18.940		39	2016 年 11 月 22 日	17	51	18.478	16.8
19	2016 年 11 月 22 日	8	20	18.930		40	2016 年 11 月 22 日	17	52	18.508	16.8
20	2016 年 11 月 22 日	8	30	18.925		41	2016 年 11 月 22 日	17	53	18.534	16.8
21	2016 年 11 月 22 日	8	50	18.912		42	2016 年 11 月 22 日	17	54	18.552	16.8

续表 3-3

序号	监测日期	监测时间 时	监测时间 分	3#抽水井 水位（m）	3#抽水井 温度（℃）	序号	监测日期	监测时间 时	监测时间 分	4#抽水井 水位（m）	4#抽水井 温度（℃）
43	2016 年 11 月 22 日	17	55	18.572	16.8	50	2016 年 11 月 22 日	18	10	18.640	16.8
44	2016 年 11 月 22 日	17	56	18.586	16.8	51	2016 年 11 月 22 日	18	25	18.666	16.8
45	2016 年 11 月 22 日	17	57	18.590	16.8	52	2016 年 11 月 22 日	19	10	18.726	16.8
46	2016 年 11 月 22 日	17	58	18.594	16.8	53	2016 年 11 月 22 日	20	00	18.784	16.8
47	2016 年 11 月 22 日	17	59	18.602	16.8	54	2016 年 11 月 22 日	21	00	18.842	16.8
48	2016 年 11 月 22 日	18	00	18.608	16.8	55	2016 年 11 月 22 日	22	00	18.905	16.8
49	2016 年 11 月 22 日	18	05	18.626	16.8						

表 3-4　神州数码地下水源热泵系统运行监测数据（4）

序号	监测日期	监测时间 时	监测时间 分	4#抽水井 水位（m）	4#抽水井 温度（℃）	序号	监测日期	监测时间 时	监测时间 分	4#抽水井 水位（m）	4#抽水井 温度（℃）
1	2016 年 11 月 25 日	7	15	19.367		18	2016 年 11 月 25 日	10	00	24.443	
2	2016 年 11 月 25 日	7	31	23.436		19	2016 年 11 月 25 日	11	00	24.465	
3	2016 年 11 月 25 日	7	32	23.601		20	2016 年 11 月 25 日	12	00	24.474	
4	2016 年 11 月 25 日	7	33	23.754		21	2016 年 11 月 25 日	13	00	24.495	
5	2016 年 11 月 25 日	7	34	23.848		22	2016 年 11 月 25 日	14	00	24.504	
6	2016 年 11 月 25 日	7	36	23.977		23	2016 年 11 月 25 日	15	00	24.514	
7	2016 年 11 月 25 日	7	38	24.031		24	2016 年 11 月 25 日	16	00	24.524	
8	2016 年 11 月 25 日	7	40	24.054		25	2016 年 11 月 25 日	17	00	24.458	
9	2016 年 11 月 25 日	7	45	24.094		26	2016 年 11 月 25 日	17	30	18.102	
10	2016 年 11 月 25 日	7	50	24.113		27	2016 年 11 月 25 日	17	37	18.253	
11	2016 年 11 月 25 日	7	55	24.137		28	2016 年 11 月 25 日	17	38	17.612	
12	2016 年 11 月 25 日	8	00	24.167		29	2016 年 11 月 25 日	17	39	17.524	
13	2016 年 11 月 25 日	8	10	24.204		30	2016 年 11 月 25 日	17	40	17.51	
14	2016 年 11 月 25 日	8	30	24.253		31	2016 年 11 月 25 日	17	41	17.438	
15	2016 年 11 月 25 日	8	50	24.289		32	2016 年 11 月 25 日	17	42	17.426	
16	2016 年 11 月 25 日	9	10	24.308		33	2016 年 11 月 25 日	17	43	17.524	
17	2016 年 11 月 25 日	9	30	24.327		34	2016 年 11 月 25 日	17	44	17.377	

续表 3-4

序号	监测日期	监测时间 时	分	4#抽水井 水位（m）	温度（℃）	序号	监测日期	监测时间 时	分	4#抽水井 水位（m）	温度（℃）
35	2016 年 11 月 25 日	17	45	17.396		40	2016 年 11 月 25 日	18	15	19.524	
36	2016 年 11 月 25 日	17	50	19.156		41	2016 年 11 月 25 日	19	00	19.479	
37	2016 年 11 月 25 日	17	55	19.485		42	2016 年 11 月 25 日	20	00	19.425	
38	2016 年 11 月 25 日	18	00	19.516		43	2016 年 11 月 25 日	21	00	19.384	
39	2016 年 11 月 25 日	18	05	19.527		44	2016 年 11 月 25 日	22	00	19.332	

表 3-5　神州数码地下水源热泵系统运行监测数据(5)

序号	监测日期	监测时间 时	分	井号 4#抽水井 水位（m）	温度（℃）	3#观测井 水位（m）	温度（℃）	2#回水井 水位（m）	温度（℃）
1	2017 年 1 月 6 日	8	0	24.86	16.7	19.36	16.7		10.2
2	2017 年 1 月 6 日	9	0	25.00	16.8	19.38	16.7		10.3
3	2017 年 1 月 6 日	12	0	25.08	16.7	19.38	16.7		10.6
4	2017 年 1 月 6 日	16	0	25.12	16.3	19.38	16.7		12.1
5	2017 年 1 月 6 日	19	0	20.01	15.8	19.2	16.7		12.2
6	2017 年 2 月 28 日	6	50	19.99	17.2	19.53	16.7	19.47	16.4
7	2017 年 2 月 28 日	8	0	25.08	17.2	19.87	16.7		9.9
8	2017 年 2 月 28 日	12	0	25.28	17.2	19.69	16.7		12.6
9	2017 年 2 月 28 日	16	0	25.40	17.3	19.69	16.7		13.1
10	2017 年 2 月 28 日	19	0	20.29	17.2	19.59	16.7	19.52	13.5
11	2017 年 3 月 15 日	7	0	20.12	17.4	19.56	16.6		10
12	2017 年 3 月 15 日	8	0	25.09	17.4	19.79	16.6		9.9
13	2017 年 3 月 15 日	12	0	25.39	17.4	19.75	16.6		11.9
14	2017 年 3 月 15 日	16	0	25.52	17.4	19.74	16.6		12.6
15	2017 年 3 月 15 日	19	0	20.38	17.3	19.59	16.6		12.1

注:2017 年 2 月 28 日早 6 点 50 分数据为水源热泵系统尚未启动时的数据,回水井水位温度为井内水位温度,19 时数据为水源热泵系统已关闭时的数据。

3.2.1.2　水温监测

　　两种模式下均需对抽水井、监测井(3 号井)及回灌井的水温进行监测并记录。抽水井、回灌井水温监测分别见图 3-7、图 3-8。热泵开启前应对各井水温进行一次测量,热泵开始工作后每 3 h 监测一次抽水井和灌水井水温,每 2 h 监测一次监测井水温(几次监测数据显示水温变化并不是很明显,基本稳定)。若监测井水温有明显变化迹象(变幅超过0.5 ℃),则将抽水井、监测井水温监测频次调整为 1 h 1 次,监测井同样为 1 h 1 次。热泵停止工作后监测记录 1 次水温(19 点)。神州数码水温监测数据见表 3-2、表 3-3 及表 3-5。

图 3-7　神州数码抽水井水温监测

图 3-8　神州数码回水井水温监测

3.2.1.3　地面沉降监测

地面沉降监测点选取在热泵水井流场控制范围内,应靠近抽水井和回水井。根据供暖期水井使用情况定点监测并做好数据记录。沉降监测现场见图 3-9,神州数码地面沉降监测数据见表 3-6。

图 3-9　神州数码沉降监测

监测时神州数码及开米股份均为一站测定,且经过复测,每次测量经过复核可以保证误差在 ±1 mm 之内。

表 3-6　神州数码地面沉降监测数据

监测范围	监测点编号	监测点位	不同时间监测点相对高程(m)		监测期间天数(d)	监测期上升/下降数值(mm)	总速率(mm/d)	备注
			2016-01-28	2017-11-14				
神州数码	JZ-1	基准点,假定高程为 0 m,距离 JC-1 监测点 36 m,在小区东门南侧布置	0	0	312	0	0	经监测无下降。具体井位和点位分布见图 3-2

续表 3-6

监测范围	监测点编号	监测点位	不同时间监测点相对高程(m)		监测期间天数(d)	监测期上升/下降数值(mm)	总速率(mm/d)	备注
			2016-01-28	2017-11-14				
神州数码	JC－1	2#回水井监测点位,紧邻2#井南布置,距离建筑物 13 m	0.246	0.250	312	4.000	0.013	经监测无下降。具体井位和点位分布见图 3-2
	JC－2	3#监测井监测点位,距离3#监测井南 3.5 m,距离建筑物 23.4 m	0.138	0.140	312	2.000	0.006	
	JC－3	4#抽水井监测点位,紧邻4#井东布置,距离建筑物 17.7 m	0.238	0.245	312	7.000	0.022	

3.2.2　开米股份监测

3.2.2.1　水位监测

前期(3 天)需监测 2 次(工作日内)抽水初期和停泵初期的水位数据(见图 3-10)。热泵开启前记录一次水位。热泵开始工作后,监测频次按照非稳定流抽水试验要求,第 1 min、2 min、3 min、4 min、6 min、8 min、10 min、15 min、20 min、25 min、30 min、40 min、50 min、60 min、80 min、100 min、120 min 各记录一次,以后每隔 30 min 记录一次。热泵停止工作后,第 1 min、2 min、3 min、4 min、6 min、8 min、10 min、15 min、20 min、25 min、30 min、40 min、50 min、60 min、80 min、100 min、120 min 各记录一次。

图 3-10　开米股份水位、水温实时监测

后期(3 天后)监测为热泵开启前记录一次井水位,开始工作后每隔 1 h 记录一次。开米股份水位监测数据见表 3-7 ~ 表 3-10。

表 3-7　开米股份地下水源热泵系统运行监测数据(1)

序号	监测日期	监测时间		抽水井				回水井			
		时	分	水位 (m)	水位变化 (m)	抽水量 (m³/h)	温度 (℃)	水位高程 (m)	水位变化 (m)	回水量 (m³/h)	温度 (℃)
1		6	55	22.13	-1.60	0	13.7	15.88	-5.84	0	11.4
2		7	1	20.20	-3.53	40.1	12.8	20.68	-1.04	38	10.4
3		7	2	20.15	-3.58	40.5	12.8	22.06	0.34	38.6	9.8
4		7	3	20.15	-3.58	40.2	12.0	22.39	0.67	38.1	9.7
5		7	4	20.19	-3.54	40.1	12.6	22.39	0.67	38	10.9
6		7	6	19.92	-3.81	40.1	12.9	23.54	1.82	38	11.4
7		7	8	20.03	-3.70	40.1	12.2	22.44	0.72	37.9	11.5
8		7	10	19.87	-3.86	40.1	12.8	22.49	0.77	38	11.6
9		7	15	20.03	-3.70	39.9	12.4	22.75	1.03	37.9	8.7
10		7	20	20.00	-3.73	39.4	12.2	23.17	1.45	37.6	5.9
11		7	25	19.97	-3.76	39.4	12.5	23.66	1.94	37.3	5.1
12		7	30	19.95	-3.78	39.5	12.2	23.89	2.17	37.3	5.0
13		7	40	19.94	-3.79	39.2	12.1	24.11	2.39	37.2	5.1
14	2017年1月18日	7	50	19.87	-3.86	39.2	12.1	24.02	2.30	37.2	5.2
15		8	00	19.90	-3.83	39.7	11.6	23.59	1.87	37.5	11.1
16		8	20	19.87	-3.86	39.4	12.4	24.05	2.33	37.6	5.4
17		8	40	19.85	-3.88	39.8	11.7	23.61	1.89	37.8	11.5
18		9	00	19.94	-3.79	39.4	12.1	24.10	2.38	37.4	5.3
19		9	30	19.84	-3.89	39.3	11.7	23.85	2.13	37.5	5.4
20		10	00	20.02	-3.71	39.7	11.6	23.66	1.94	37.7	11.5
21		10	30	19.99	-3.74	39.8	11.8	23.73	2.01	37.7	11.3
22		11	00	19.83	-3.90	39.6	11.8	24.15	2.43	37.5	10.9
23		11	30	19.88	-3.85	39.3	11.6	24.36	2.64	37.4	5.1
24		12	00	19.84	-3.89	39.3	12.0	24.21	2.49	37.3	5.0
25		12	30	19.89	-3.84	39.6	11.6	23.72	2.00	37.7	5.9
26		13	00	19.78	-3.95	39.9	12.1	23.68	1.96	37.9	11.4
27		13	30	19.77	-3.96	39.7	12.0	24.15	2.43	37.6	11.1
28		14	00	19.91	-3.82	39.3	12.0	24.21	2.49	37.3	5.5

续表 3-7

序号	监测日期	监测时间		抽水井				回水井			
		时	分	水位（m）	水位变化（m）	抽水量（m³/h）	温度（℃）	水位高程（m）	水位变化（m）	回水量（m³/h）	温度（℃）
29		14	30	19.70	-4.03	39.1	11.8	24.23	2.51	37.3	5.1
30		15	00	19.77	-3.96	39.1	11.6	24.09	2.37	37.3	5.0
31		15	30	19.76	-3.97	39.6	11.4	23.61	1.89	37.7	7.7
32		16	00	19.94	-3.79	39.4	11.4	23.67	1.95	37.9	11.3
33		16	30	19.84	-3.89	39.5	11.9	23.77	2.05	38	10.7
34		17	00	19.80	-3.93	39.5	11.4	23.80	2.08	37.5	11.3
35		17	30	19.81	-3.92	39.5	12.1	23.89	2.17	37.5	11.2
36		18	00	19.84	-3.89	39.2	11.4	24.39	2.67	37.2	4.9
37		18	30	19.81	-3.92	39.3	11.5	24.15	2.43	37.6	5.1
38		19	00	19.81	-3.92	39.5	11.5	23.74	2.02	37.7	11.3
39		19	1	21.65	-2.08	0	12.0	18.77	-2.95	0	11.5
40		19	2	21.87	-1.86	0	12.3	17.24	-4.48	0	11.6
41		19	3	21.96	-1.77	0	12.4	16.89	-4.83	0	11.7
42	2017 年 1 月 18 日	19	4	22.02	-1.71	0	12.6	16.72	-5.00	0	11.7
43		19	6	22.08	-1.65	0	12.9	16.53	-5.19	0	11.8
44		19	8	22.12	-1.61	0	13.2	16.41	-5.31	0	11.8
45		19	10	22.12	-1.61	0	13.4	16.30	-5.42	0	11.8
46		19	15	22.13	-1.60	0	13.8	16.14	-5.58	0	11.9
47		19	20	22.15	-1.58	0	14.1	16.04	-5.68	0	11.5
48		19	25	22.18	-1.55	0	14.4	16.00	-5.72	0	12.0
49		19	30	22.18	-1.55	0	14.6	15.96	-5.76	0	12.0
50		19	40	22.18	-1.55	0	14.9	15.91	-5.81	0	12.1
51		19	50	22.17	-1.56	0	15.1	15.87	-5.85	0	12.1
52		20	00	22.16	-1.57	0	15.1	15.83	-5.89	0	12.2
53		20	20	22.17	-1.56	0	15.2	15.79	-5.93	0	12.5
54		20	40	22.16	-1.57	0	15.2	15.76	-5.96	0	12.5
55		21	00	22.18	-1.55	0	15.2	15.75	-5.97	0	12.4

表 3-8　开米股份地下水源热泵系统运行监测数据（2）

序号	监测日期	监测时间		抽水井				回水井			
		时	分	水位高程（m）	水位变化（m）	抽水量（m³/h）	温度（℃）	水位高程（m）	水位变化（m）	回水量（m³/h）	温度（℃）
1		6	55	22.12	-1.61	0	13.8	15.81	-5.91	0	11.4
2		7	1	20.48	-3.25	42.1	11.9	19.38	-2.34	39.2	12.4
3		7	2	20.14	-3.59	40.8	10.4	21.59	-0.13	38.5	11.1
4		7	3	20.22	-3.51	40.1	11.2	22.35	0.63	38.3	9.7
5		7	4	20.14	-3.59	39.9	11.9	22.28	0.56	37.7	10.1
6		7	6	19.96	-3.77	40.1	11.8	22.53	0.81	38.1	11.4
7		7	8	20.03	-3.70	40.1	12.3	22.46	0.74	38.2	11.5
8		7	10	19.85	-3.88	40.1	11.7	22.51	0.79	37.7	11.5
9		7	15	19.92	-3.81	39.9	11.9	22.80	1.08	37.9	8.7
10		7	20	19.92	-3.81	39.5	12.2	23.20	1.48	37.5	6.9
11		7	25	19.88	-3.85	39.4	11.6	23.55	1.83	37.5	5.1
12		7	30	20.07	-3.66	39.3	12.1	23.80	2.08	37.5	5.0
13		7	40	19.86	-3.87	39.3	12.1	24.04	2.32	37.2	5.0
14	2017 年 1 月 19 日	7	50	19.93	-3.80	39.3	11.5	24.08	2.36	37.5	5.1
15		8	00	19.96	-3.77	39.4	12.1	24.00	2.28	37.5	7.7
16		8	20	19.99	-3.74	39.3	12.0	24.00	2.28	37.5	5.3
17		8	40	19.84	-3.89	39.8	11.5	23.88	2.16	37.7	11.0
18		9	00	19.86	-3.87	39.3	12.0	24.02	2.30	37.4	5.3
19		9	30	19.91	-3.82	39.7	11.5	23.59	1.87	37.8	9.3
20		10	00	19.77	-3.96	39.8	11.5	23.73	2.01	38.1	11.4
21		10	30	19.92	-3.81	39.5	11.5	24.23	2.51	37.8	10.8
22		11	00	19.96	-3.77	39.3	11.9	24.32	2.60	37.5	5.2
23		11	30	19.70	-4.03	39.2	11.8	24.18	2.46	37.5	5.0
24		12	00	19.73	-4.00	39.4	11.4	23.80	2.08	37.6	5.3
25		12	30	19.79	-3.94	39.7	12.1	23.66	1.94	37.9	10.2
26		13	00	19.93	-3.80	39.4	12.0	23.77	2.05	37.7	11.3
27		13	30	19.76	-3.97	39.1	11.7	23.78	2.06	37.7	11.3
28		14	00	20.00	-3.73	39.5	11.9	23.81	2.09	37.8	11.3

续表3-8

序号	监测日期	监测时间		抽水井				回水井			
		时	分	水位高程（m）	水位变化（m）	抽水量（m³/h）	温度（℃）	水位高程（m）	水位变化（m）	回水量（m³/h）	温度（℃）
29		14	30	19.93	−3.80	39.4	12.1	24.40	2.68	37.5	10.6
30		15	00	19.96	−3.77	39.3	11.7	24.42	2.70	37.2	5.0
31		15	30	19.78	−3.95	39.1	11.4	24.30	2.58	37.5	5.0
32		16	00	19.80	−3.93	39.1	11.5	24.09	2.37	37.5	5.0
33		16	30	19.80	−3.93	39.4	12.0	24.06	2.34	37.6	5.0
34		17	00	19.89	−3.84	39.6	11.7	23.81	2.09	37.7	10.6
35		17	30	19.85	−3.88	39.6	11.8	23.86	2.14	37.8	10.6
36		18	00	19.76	−3.97	39.5	11.7	23.76	2.04	37.7	11.3
37		18	30	19.82	−3.91	39.8	12.1	24.02	2.30	37.8	11.3
38		19	00	20.16	−3.57	38.3	11.8	24.19	2.47	37.2	11.1
39		19	1	21.89	−1.84	0	12.0	18.85	−2.87	0	11.2
40		19	2	21.89	−1.84	0	12.3	17.40	−4.32	0	11.3
41		19	3	21.98	−1.75	0	12.5	16.99	−4.73	0	11.4
42	2017 年 1 月 19 日	19	4	22.05	−1.68	0	12.7	16.83	−4.89	0	11.5
43		19	6	22.10	−1.63	0	13.2	16.53	−5.19	0	11.6
44		19	8	22.12	−1.61	0	13.3	16.46	−5.26	0	11.7
45		19	10	22.13	−1.60	0	13.5	16.38	−5.34	0	11.7
46		19	15	22.16	−1.57	0	14.0	16.16	−5.56	0	11.8
47		19	20	22.17	−1.56	0	14.3	16.07	−5.65	0	11.8
48		19	25	22.15	−1.58	0	14.6	15.99	−5.73	0	11.8
49		19	30	22.17	−1.56	0	14.8	15.96	−5.76	0	11.9
50		19	40	22.17	−1.56	0	15.1	15.89	−5.83	0	11.9
51		19	50	22.17	−1.56	0	15.2	15.86	−5.86	0	12.0
52		20	00	22.17	−1.56	0	15.3	15.83	−5.89	0	12.0
53		20	20	22.16	−1.57	0	15.4	15.79	−5.93	0	12.1
54		20	40	22.16	−1.57	0	15.4	15.74	−5.98	0	12.2
55		21	00	22.16	−1.57	0	15.3	15.71	−6.01	0	12.2

表 3-9 开米股份地下水源热泵系统运行监测数据（3）

序号	监测日期	监测时间		抽水井				回水井			
		时	分	水位高程（m）	水位变化（m）	抽水量（m³/h）	温度（℃）	水位高程（m）	水位变化（m）	回水量（m³/h）	温度（℃）
1		7	0	21.28	−2.45	0	15.2	12.47	−9.25	0	12.4
2		7	1	19.57	−4.16	42.2	12.9	16.20	−5.52	39.3	13.5
3		7	2	19.38	−4.35	40.5	11.3	18.39	−3.33	38.6	13.3
4		7	3	19.31	−4.42	40.4	10.4	19.42	−2.30	38.2	11.5
5		7	4	19.11	4.62	39.8	11.2	19.87	−1.85	37.5	10.3
6		7	6	19.13	−4.60	39.8	11.8	19.74	−1.98	37.7	11.2
7		7	8	19.16	−4.57	39.7	11.7	19.72	−2.00	37.5	11.5
8		7	10	19.09	−4.64	39.5	11.9	19.59	−2.13	37.6	11.8
9		7	15	19.01	−4.72	39.2	11.7	19.86	−1.86	37.4	9.1
10		7	20	19.12	−4.61	39.1	11.9	20.68	−1.04	37.1	6.1
11		7	25	19.09	−4.64	38.8	12.2	21.41	−0.31	36.8	5.4
12		7	30	19.07	−4.66	38.9	11.9	21.81	0.09	36.9	5.2
13		7	40	19.21	−4.52	38.8	12.2	22.10	0.38	37.1	5.3
14	2017 年 2 月 20 日	7	50	19.12	−4.61	39.1	12.0	21.34	−0.38	37.3	11.4
15		8	00	18.92	−4.81	39.4	11.9	21.25	−0.47	37.1	11.3
16		8	20	19.04	−4.69	38.9	11.9	21.52	−0.20	37.0	5.5
17		8	40	18.90	−4.83	38.2	11.3	21.53	−0.19	37.4	11.3
18		9	00	18.89	−4.84	38.7	11.8	22.04	0.32	37.1	5.3
19		9	30	19.02	−4.71	39.1	11.8	21.57	−0.15	37.1	5.6
20		10	00	18.97	−4.76	39.1	11.3	21.54	−0.18	37.1	11.2
21		10	30	18.95	−4.78	39.3	11.5	21.56	−0.16	37.3	11.2
22		11	00	18.91	−4.82	39.2	11.7	21.64	−0.08	37.3	11.1
23		11	30	18.87	−4.86	39.2	11.2	21.72	0.00	36.9	11.1
24		12	00	18.94	−4.79	39.1	11.6	21.59	−0.13	37.3	11.1
25		13	00	18.79	−4.94	38.6	11.2	22.21	0.49	36.7	5.2
26		13	30	18.95	−4.78	38.6	11.4	22.25	0.53	36.8	4.8
27		14	00	19.00	−4.73	38.9	11.8	21.57	−0.15	37.0	5.1
28		14	30	18.85	−4.88	39.1	11.6	21.54	−0.18	37.2	9.7

续表 3-9

序号	监测日期	时	分	抽水井 水位高程（m）	水位变化（m）	抽水量（m³/h）	温度（℃）	回水井 水位高程（m）	水位变化（m）	回水量（m³/h）	温度（℃）
29		15	00	18.94	-4.79	39.1	11.4	21.64	-0.08	37.1	11.1
30		15	30	18.95	-4.78	39.1	11.5	21.86	0.14	37.0	11.1
31		16	00	18.92	-4.81	38.7	11.3	22.35	0.63	36.7	9.8
32		16	30	18.90	-4.83	38.6	11.5	22.13	0.41	37.0	4.8
33	2017年2月20日	17	00	18.93	-4.80	38.8	11.4	22.32	0.60	37.0	9.8
34		17	30	18.88	-4.85	39.0	11.5	21.63	-0.09	37.2	8.4
35		18	00	18.92	-4.81	39.0	11.4	21.60	-0.12	37.2	11.1
36		18	30	18.92	-4.81	39.2	11.8	21.59	-0.13	37.2	11.1
37		19	00	18.85	-4.88	38.6	11.6	22.38	0.66	36.7	6.1
38		19	1	20.74	-2.99	0	11.7	16.76	-4.96	0	9.0

表 3-10 开米股份地下水源热泵系统运行监测数据（4）

序号	监测日期	时	分	抽水井 水位高程（m）	水位变化（m）	抽水量（m³）	温度（℃）	回水井 水位高程（m）	水位变化（m）	回水量（m³）	温度（℃）
1		7	0	21.56	-0.39	0	13.6	29.71	-6.05	0	11.7
2		7	1	19.68	-2.27	45.6	12.7	33.38	-2.38	42.8	12.5
3		8	00	19.41	-2.54	44.3	12.7	35.10	-0.66	42.1	6.0
4		9	00	19.40	-2.55	44.8	12.4	35.05	-0.71	42.6	11.7
5		10	00	19.31	-2.64	44.6	12.0	35.23	-0.53	42.0	5.9
6		11	00	19.39	-2.56	44.6	11.6	34.98	-0.78	42.2	8.5
7	2017年3月13日	12	00	19.33	-2.62	44.6	11.6	35.04	-0.72	42.4	11.5
8		13	00	19.34	-2.61	44.5	11.6	35.14	-0.62	42.2	8.4
9		14	00	19.43	-2.52	44.3	12.0	35.27	-0.49	42.3	11.2
10		15	00	19.30	-2.65	44.1	11.6	35.41	-0.35	42.3	5.5
11		16	00	19.37	-2.58	44.4	11.4	35.18	-0.58	42.3	5.7
12		17	00	19.21	-2.74	44.6	11.7	35.12	-0.64	41.8	7.4
13		18	00	19.38	-2.57	44.6	11.6	35.18	-0.58	41.9	11.3
14		19	00	21.61	-0.34	0	15.6	19.96	-15.80	0	12.3

3.2.2.2　水温监测

　　热泵开启前记录一次水温,开启后每隔 1 h 记录一次水温,停泵后 1 h 记录一次水温(见图 3-11)。开米股份水温监测数据见表 3-7 ~ 表 3-10。

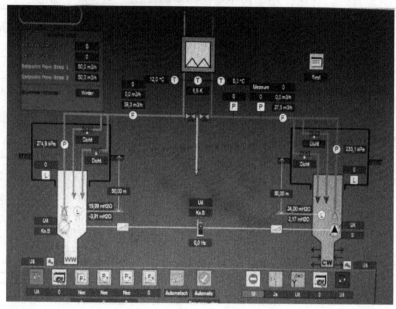

图 3-11　开米股份实时监测界面

3.2.2.3　地面沉降监测

　　地面沉降监测点应选取在热泵水井流场控制范围内,应靠近抽水井和回水井。根据供暖期水井使用情况定点监测并做好数据记录(见图 3-12)。开米股份地面沉降监测数据见表 3-11。

图 3-12　开米股份沉降监测

表 3-11　开米股份地面沉降监测数据

监测范围	监测点编号	监测点位	不同时间监测点相对高程（m）		监测期间天数（d）	监测期上升/下降数值（mm）	总速率（mm/d）	备注
			2016-01-06	2017-11-14				
开米股份	JZ－1	基准点，假定高程为 0 m，距离 JC－西监测点 36.5 m，距离 JC－东监测点 38 m	0	0	299	0	0	"－"为下降。具体井位和点位分布见图3-4
	JC－东	2#井监测点，紧邻 2#井东北角布置，距离建筑物 26 m	0.305	0.302	299	－3.000	－0.010	
	JC－西	1#井监测点，紧邻 1#井西北角布置，距离建筑物 36.5 m	0.243	0.242	299	－1.000	－0.003	

3.2.3　仁里小区监测

3.2.3.1　水位监测

现阶段为 1 抽 6 灌，需对抽水井水位进行监测（见图 3-13、图 3-14）。后期的监测需每天在热泵开启前监测记录一次井水位；经过对抽水初期的几次水位监测，发现 1 h 内水位下降明显，后期的监测方案为在抽水开始 1 h 监测记录一次，然后每 4 h 监测记录一次；停泵后，初期水位会明显回升，后期的监测仅需在 19 点监测记录一次井水位。

图 3-13　仁里抽水井水位监测(1)

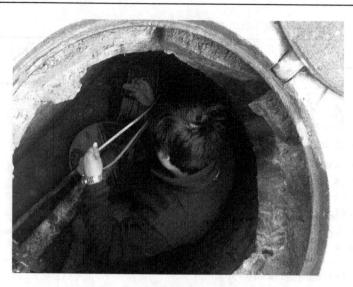

图 3-14　仁里抽水井水位监测（2）

在 2 抽 5 灌的模式下,需对两个抽水井及监测井进行水位监测。具体监测频次参照上述 1 抽 6 灌模式。仁里小区水位监测数据见表 3-12 ~ 表 3-15。

表 3-12　仁里小区地下水源热泵系统运行监测数据（1）

序号	监测日期	监测时间		3#抽水井		序号	监测日期	监测时间		3#抽水井	
		时	分	水位（m）	温度（℃）			时	分	水位（m）	温度（℃）
1	2016 年 11 月 29 日	8	53	44.158		8	2016 年 11 月 29 日	10	30	44.154	19.2
2	2016 年 11 月 29 日	9	14	44.173		9	2016 年 11 月 29 日	11	15	44.183	18.9
3	2016 年 11 月 29 日	9	24	44.167	19.2	10	2016 年 11 月 29 日	12	00	44.174	18.5
4	2016 年 11 月 29 日	9	30	44.157	19.5	11	2016 年 11 月 29 日	1	00	44.176	18.3
5	2016 年 11 月 29 日	9	40	44.172		12	2016 年 11 月 29 日	2	13	44.176	18.8
6	2016 年 11 月 29 日	9	50	44.175	19.2	13	2016 年 11 月 29 日	3	00	44.173	
7	2016 年 11 月 29 日	10	00	44.156	19.1	14	2016 年 11 月 29 日	4	00	44.171	

表 3-13　仁里小区地下水源热泵系统运行监测数据（2）

序号	监测日期	监测时间		3#抽水井		序号	监测日期	监测时间		3#抽水井	
		时	分	水位（m）	温度（℃）			时	分	水位（m）	温度（℃）
1	2016 年 11 月 30 日	7	30	44.213		4	2016 年 11 月 30 日	8	30	44.196	
2	2016 年 11 月 30 日	7	45	44.216		5	2016 年 11 月 30 日	9	00	44.194	
3	2016 年 11 月 30 日	8	00	44.204		6	2016 年 11 月 30 日	10	00	44.186	

表 3-14 仁里小区地下水源热泵系统运行监测数据(3)

序号	监测日期	监测时间		3#抽水井		6#回水井	
		时	分	水位(m)	温度(℃)	水位(m)	温度(℃)
1	2016 年 12 月 4 日	8	00		20.9		16.2
2	2016 年 12 月 4 日	9	00	44.201	20.8		16.6
3	2016 年 12 月 4 日	10	00	44.207	20.9		16.1
4	2016 年 12 月 4 日	11	00	44.212	20.9		16.2
5	2016 年 12 月 4 日	12	00	44.210	20.9		16.3
6	2016 年 12 月 4 日	13	00	44.206	20.9		15.8
7	2016 年 12 月 4 日	14	00	44.202	20.9		16.5
8	2016 年 12 月 4 日	15	00	44.197	20.8		16.8
9	2016 年 12 月 4 日	16	00	44.199	20.9		16.6
10	2016 年 12 月 4 日	17	00		20.9		16.6
11	2016 年 12 月 4 日	20	15				16.3

表 3-15 仁里小区地下水源热泵系统运行监测数据(4)

序号	监测日期	监测时间		井号		井号		井号	
		时	分	水位(m)	温度(℃)	水位(m)	温度(℃)	水位(m)	温度(℃)
				5#抽水井		4#回水井		6#回水井	
1	2017 年 1 月 5 日	9	0	45.83	20.7				17.3
2	2017 年 1 月 5 日	11	0	46.81	20.4				16.8
3	2017 年 1 月 5 日	14	0	46.81	20.7		18.1		16.8
4	2017 年 1 月 5 日	18	0	46.83	20.9		18		16.2
				4#抽水井		2#回水井		5#回水井	
5	2017 年 3 月 1 日	9	0	28.65	19.8		16.2		15.2
6	2017 年 3 月 1 日	11	0	28.64	19.8		16.3		15.1
7	2017 年 3 月 1 日	14	0	28.65	19.8		16.3		20.4
8	2017 年 3 月 1 日	18	0	28.50	19.9		16.7		20.3
				3#抽水井		2#回水井		4#回水井	
9	2017 年 3 月 14 日	9	0	45.37	20.6		18.8		17.9
10	2017 年 3 月 14 日	11	0	45.36	20.6		19.1		18
11	2017 年 3 月 14 日	14	0	45.37	20.6		19.7		18.5
12	2017 年 3 月 14 日	18	0	45.36	20.6		19.6		17.7

3.2.3.2　水温监测

两种模式下均需对抽水井、监测井（3＃井）及回灌井的水温进行监测并记录（见图 3-15、图 3-16）。热泵开启前应对各井水温进行一次测量，热泵开始工作后每 3 h 监测一次抽水井和灌水井水温，每 2 h 监测一次监测井水温（几次监测数据显示水温变化并不是很明显，基本稳定）。若监测井水温有明显变化迹象（变幅超过 0.5 ℃），则将抽水井、监测井水温监测频次调整为 1 h 1 次，监测井同样为 1 h 1 次。热泵停止工作后监测记录1 次水温（19 时）。仁里小区水温监测数据见表 3-12 ～ 表 3-15。

图 3-15　仁里小区抽水井水温监测

图 3-16　仁里小区回水井水温监测

3.2.3.3　地面沉降监测

地面沉降监测点选取在热泵水井流场控制范围内,应靠近抽水井和回水井。根据供暖期水井使用情况定点监测并做好数据记录。仁里小区地面沉降监测数据见表3-16。

仁里小区为闭合水准路线测量,按四等水准测量计算误差结果均在测量范围内,且测量结果均经过误差值修正。

表 3-16　仁里小区地面沉降监测数据

监测范围	监测点编号	监测点位	不同时间监测点相对高程(m)		监测期间天数(d)	监测期上升/下降数值(mm)	总速率(mm/d)	备注
			2016-07-05	2017-11-14				
仁里小区	JZ-1	基准点,假定高程为0 m,距离JC-6监测点北27 m,距离JZ-2基准点西53.2 m	0	0	487	0	0	"-"为下降。具体井位和点位分布见图2-26。因2017年11月14日JC-3监测点被杂物覆盖,采用2017年9月6日数据;4#抽水井因长期被车位占据而监测不到相关数据
	JC-6	5#抽/回水井监测点,距离5#抽/回水井西南4 m,距离建筑物13 m	0.110	0.111	487	1.000	0.002	
	JC-1	6#回水井监测点,距离6#回水井东3.2 m,距离建筑物18.5 m	0.291	0.297	487	6.000	0.012	
	JC-2	7#回水井监测点,距离7#回水井北4 m,距离建筑物17 m	-0.214	-0.208	487	6.000	0.012	
	JC-3	1#回水井监测点,距离1#回水井北4 m,距离建筑物18 m	-0.222	-0.213	418	9.000	0.022	
	JC-4	2#回水井监测点,距离2#回水井西3 m,距离建筑物17.3 m	0.201	0.210	487	9.000	0.018	
	JC-5	3#抽/回水井监测点,距离3#抽水井西南3 m,距离建筑物4 m	0.040	0.047	487	7.000	0.014	

3.3　监测数据分析

分别对比以上三个项目的现场水位、温度及地面沉降监测数据,以供暖期监测情况,对项目温度的特殊性及共性进行分析。

3.3.1　水位分析

3.3.1.1　神州数码(1 抽 6 灌 1 观测,L 型,7:30 ~ 17:30 供暖)

从表 3-1 ~ 表 3-6 来看,4#抽水井在水源热泵运行初期 1 h 内水位下降迅速,而后下降平缓,直至水位稳定。而其最低水位和最高水位均出现在停泵前后 1 h 内。4#抽水井监测期间最大水位降深在 5.534 ~ 7.147 m 波动,水位波动较大,但抽水井几次的静水位监测都比较平稳,证明抽水井抽水时地下水回补稳定。分析 4#抽水井每天运行 10 h,在运行 8 h 左右达到井动水位,水位会稳定在动水位上下小幅波动,而当停泵后由于泵管内存水回流且回水不及时而导致 4#抽水井内水位出现短时间大幅升高,在 1 h 内由于抽水井存水回流地层会引起水位缓慢下降,直至达到井静水位。从 3#监测井的数据分析来看,监测井在抽水井运行 0.5 h 内水位达到最低值,而后水位即以缓慢而稳定的速率上升,抽水井关闭后因地下水回水补充影响水位继续上升,0.5 h 内升至最大值后出现少量降幅而后趋于稳定,直至恢复到抽水井运行前的水位。整个监测期间,3#监测井最大水位落差仅在 0.721 m,水位波动较小,证明抽水井对监测井前期影响幅度较大而抽水期间影响较小,由于热泵开启抽水井短时间抽水量过大造成周边水位的快速下降,地下水会在水泵运行期间对周边进行持续的水位回补。而 2#回水井的水位由于井内均为敞口回流,无法放置水位探测器,监测不到运行期间数据,仅在运行前后监测到少量数据,分析发现 2#回水井最大水位落差仅 0.05 m,回水井回水正常且稳定,没有发生回灌不及时、回灌堵塞的现象。从水位监测数据的分析来看,神州数码抽灌井运行正常,井位布置较为合理。

3.3.1.2　开米股份(1 抽 1 灌,直线型,7:00 ~ 19:00 供暖)

从表 3-7 ~ 表 3-11 来看,开米股份抽水井热泵开启前期水位快速下降,关泵后水位恢复迅速,基本上在 1 h 内就可。以恢复到未抽水前的静水位,回水井的水位变化和抽水井基本反向同步,在开泵时水位上升迅速,在运行期间会达到一个最低水位,在关泵时水位迅速上升,而后会在关泵 2 h 内达到最大水位,而后出现小幅下降最后水位趋于稳定。

开米股份实时监测系统给每口井都有一个自定的参考水位,日常监测水位会在参考水位附近波动,前三次监测抽水井的参考水位为 23.73 m,回水井的参考水位为 21.72 m,最后一次抽水井监测的参考水位降低到了 21.95 m,回水井的参考水位升高到了 35.76 m,监测期间贯穿整个供暖季,一个供暖期间抽水井参考水位降低大约 1.78 m,回水井水位升高了 14.04 m,水位变动值较大,证明回水井的运行状态极不稳定。四次监测数据抽水井当日最大水位降深均在 2.4 ~ 2.49 m 波动,其水位波动值基本一样,抽水时水位降深较为稳定。但回水井的当日最大水位降深从第一次监测的 8.64 m 到最后一次监测的 15.45 m 均呈现上升趋势,证明回水井回水极不稳定,存在回水不及的风险,考虑到开米股份为新成井,地层尚未形成一个稳定的水循环模式,运行数据差异较大应与此有关。

3.3.1.3 仁里小区（1 抽 6 灌，口字型，24 h 供暖）

从表 3-12 ~ 表 3-16 分析，仁里小区为 24 h 运行，所以从监测的数据可以发现水位变化比较平稳，没有出现其他项目开泵停泵时大幅度的水位变化，水位只在很小的幅度内进行波动。仁里小区的抽水井会根据运行情况不定期进行更换，六次监测其中有 4 次 3#井均作为唯一的抽水井运行，一次 3#、4#井同时作为抽水井，一次 5#井作为抽水井，其他井平时均作为回水井。3#井作为抽水井时水位在 44.15 ~ 45.37 m 波动，5#井作为抽水井时的水位在 45.83 ~ 46.83 m 波动，但是 4#井作为抽水井时水位较高在 28.5 ~ 28.65 m，经物业证实当时抽水井更换为 4#井不久，运行时附近水位并未恢复到平常水位。在 3#井作为抽水井时当日水位最大降深在 0.01 ~ 0.03 m 波动，4#井作为抽水井时当日水位最大降深为 0.15 m，5#井作为抽水井时当日水位最大降深为 1 m，分析仁里小区的水位降深数据发现水位降深较为稳定，常用的 3#井几次监测水位降深仅在 0.01 ~ 0.03 m 波动，而不常用的 4#井和 5#井作为抽水井时水位降深比 3#井大。证明 3#井长期作为抽水井运行已经形成了稳定的状态。从水位监测数据的分析来看，仁里小区的抽水井水位较为稳定，回水井回水正常，未发现回水不及的现象。

经对各项目监测期间数据对比发现，每口水源热泵井都存在一个静水位和一个动水位，水源热泵系统运行期间单井水位在静水位与动水位之间进行有规律的单向波动，水位在抽水前或水位恢复后的水位为静水位。抽水井的静水位在水源热泵供热系统初启动 1 h 内水位快速下降，而后水位下降数值趋于平缓，最后稳定在一个水位后不再下降，此时水位就是抽水井的动水位。当水源热泵系统停止运行后，初期由于抽水泵管内的存水回流井内，抽水井水位迅速上升，管内存水回流完以后，水位呈现匀速缓慢上升，在 4 ~ 5 h 内恢复到静水位。抽水井水位下降迅速则回水井水位上升迅速，抽水井水位上升则回水井水位会平稳下降。通过这三个项目的水位监测数据来看，神州数码和仁里小区的运行较好，抽水井和回水井的运行规律比较平稳，呈现反向效应且波动较小，而开米股份的抽水井和回水井波动太大，初步考虑是由于开米股份为新成井，抽水地层没有形成良好的循环模式。

3.3.2 水温分析

3.3.2.1 神州数码（1 抽 6 灌 1 观测，L 型，7:30 ~ 17:30 供暖）

2#回水井温度较 3#观测井低，表 3-5 中 2#回水井的温度波动较大，主要是在供暖时段内，项目按室内温度需求控制调节交换的热能，从而影响回水井温度；4#抽水井从每天的监测温度来看，抽水井温度变化不大，最大温差仅为 0.9 ℃，与抽水井温度不呈相关性变化，且抽水井温度基本稍高于 3#观测井温度，两者变幅在 0.9 ℃ 以内，分析原因为抽水井布设在地下水位较高点，因此抽水温度不受回水温度影响，且抽水井温度 > 监测井温度 > 回水井温度，该项目井布局理想。

总的来说，2#回水井的温度变化并没有导致邻近 4#抽水井的出水温度有不同程度的升高或降低，水源井布局理想，没有发生热贯通现象，该处 2#回灌井与 4#抽水井 34.65 m 的井间距是合理的。

3.3.2.2　开米股份(1抽1灌,直线型,7:00～19:00供暖)

从表3-7～表3-10,4次监测数据来看,供暖时段内抽水井温度较低,多在11～12 ℃,日温度最大变幅为1.9 ℃,停泵后抽水井温度回升明显,21:00时最高温度为15.4 ℃;回水井供暖时段温度均降低,受室内温度需求影响温度波动较大,停泵后温度有所回升;从数据上来看,回水井的温度变化对抽水井出水温度无明显相关影响,但系统运行期间在一定程度上降低了抽水井的出水温度,分析原因为回水井温度影响存在滞后因素,开米股份井间距(50 m)及取水量(38.2～45.6 m³/h)都比较合理,可能抽水井布设在下游处,回水井位于地下水位较高点,两者之间稍有坡度,造成热贯通现象。

3.3.2.3　仁里小区(1抽6灌,口字型,24 h供暖)

从6次监测数据看,抽水井温度波动不明显,回水井温度均低于抽水井温度,2016年11月29日抽水井温度最大日变幅为1.2 ℃,其余4次监测数据中抽水井温度最大日变幅为0.1～0.5 ℃,波动非常小,并与回水井温度变化无相关性,说明小区井间距布设合理,无热贯通现象。

综合以上分析可知,供暖期三个项目回水井温度与初始温度(水源热泵系统运行前温度)相比均有所降低,且温度受室内温度需求影响而波动;抽水井温度监测受抽水泵等干扰因素较多,监测温度存在一定的偏差,但整体上抽水井温度高于回水井温度,且供暖时段内抽水井出水温度变化较小,出水温度不因回水温度影响而呈相关变化。神州数码抽水井及监测井水温的变幅很小,仁里小区抽水井温度波动小,说明这两个项目没有发生热贯通现象;开米股份停泵时抽水井温度回升明显,系统运行期间在一定程度上降低了抽水井的出水温度。

3.3.3　地面沉降分析

3.3.3.1　神州数码

从三个点JC-1、JC-2、JC-3(2#回水井、3#监测井、4#抽水井附近)的沉降监测数据来看,监测期(2016年1月28日至2017年11月14日)地面沉降回弹分别为4 mm、2 mm、7 mm;分析原因是监测开始时系统运行产生一定的沉降量,停运期由于热泵系统抽、灌水井附近水位降深趋于稳定,地层重新处于平衡状态,地面有少量回弹。神州数码系统自2011年9月开始运行,随着热泵系统运行年限的延长,累计沉降趋于稳定,监测系统运行近一个周期,从距抽水井不同距离的沉降监测点来看,距离25 m处,未发生沉降,距抽水井34.65 m处的回水井附近也未发生沉降。

3.3.3.2　开米股份

开米股份JC-东、JC-西两个沉降监测点,监测期(2016年1月6日至2017年11月14日)地面沉降分别为3 mm、1 mm。两个监测点距离为50 m,从监测数据来看,JC-东紧邻回水井,沉降量较大一些。由于开米股份水源热泵系统2016年开始运行,运行时间较短,因此系统运行的监测有较明显的永久沉降量。

3.3.3.3　仁里小区

共监测6个点位,监测期(2016年7月5日至2017年11月14日)地面出现1～9 mm的回弹。分析原因是由于小区系统自2014年开始运行,运行时间较久,永久沉降趋于稳定,在系统停运期有少量回弹。从距抽水井不同距离的沉降监测点来看,均未发生沉降。

　　综合以上分析,监测发现开米股份系统运行期间产生了 1 ~ 3 mm 的沉降,其他两个项目均出现地面回弹。说明系统运行年限较短时,会产生地面沉降,但随着热泵系统运行年限的延长,距抽水井不同距离处的沉降量趋于稳定,系统停运期间,地面出现回弹,监测没有发现沉降。

第 4 章　室内砂槽试验

4.1　目标任务

　　针对目前水源热泵系统在运行中遇到的一些问题,本章以西安市灞桥枫林九溪小区为参考,结合前期收集的资料及相关调研,初步建立基本反映研究区内水源热泵实际情况的抽灌井系统渗流场、温度场、化学场、应力场的室内砂槽模型和软件模拟相结合的方法,模拟水源热泵系统运行时,不同抽水量、抽灌井布局、井距、水温因素情况下地下水源热泵系统对含水层的影响,定量评价热泵系统运行对地下水质的影响,为计算地下水源热泵系统抽灌井合理布局提供依据和验证。

4.2　研究区概况

　　按照西安市现有地下水源热泵项目的所在位置(见图 4-1)、建成时间、运行时间、使用状况、目前使用情况,以及抽灌井群规模和抽灌井设计等方面综合分析,统计结果显示:浐灞生态区枫林九溪小区地下水源热泵项目地处灞河河漫滩,运行状况良好,抽灌井群数量共计 45 口、抽灌比约 1:2.5、单井出水量为 70~80 cm³/h、渗透系数 8~13 m/d 等参数可代表西安市城区的大多数的参数系数,根据陕西省地质调查中心《陕西省大中型城市浅层地热能调查报告》关于地下水地源热泵系统的建立对水源的要求部分,即所选区域

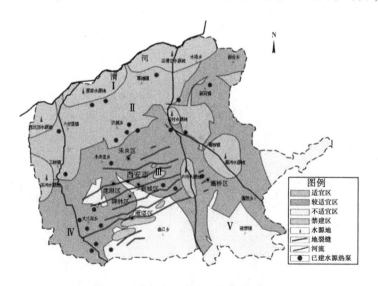

图 4-1　西安市已建地下水源热泵分布

必须水量充足、水温适度、供水稳定,保证回灌率达到100%;同时,水源热泵的大规模发展不适宜在人口稠密地区发展,在大西安主城区,地下水地源热泵系统供暖潜力(夏季制冷潜力)最大区域位于西安市内的渭河、沣河及泾河、灞河的漫滩和一级阶地,可在西安市城区新建小区发展水源热泵,如浐灞、沣东、高新及西咸等。

我们所设计的砂槽模型是根据试验区枫林九溪的相关参数进行设计的,枫林九溪小区位于西安城区的东北角,所选区域位于河漫滩,该区位于灞河右岸,富水性极强即水量充足,供水稳定,地面以浅200 m温度稳定在18 ℃即水温适中,且枫林九溪属于新建小区,人口不稠密,可更好地用来试验,所以从区域、地貌单元与适宜区这几点均说明我们所选枫林九溪作为砂槽模型的合理性与代表性,所做模型的相关结论可代表西安市城区东北部、西安市浐灞区及西安市的河漫滩地区,同时,也可作为西安市内的渭河、沣河及泾河周边的参考。

因此,选取以枫林九溪地下水源热泵系统的参数作为本次砂槽试验的参考数据。

研究区位于陕西省西安市东北部西安国际港务区迎宾大道高新地产枫林九溪项目区,西临灞河东路,南侧为正在修建中的港务南路;地理坐标为东经108°37′~108°41′,北纬34°23′~34°27′,高程为378~395 m。具体位置见图4-2。

图4-2 枫林九溪交通位置

模拟参考区所在地属暖温带半干旱半湿润大陆性季风气候,四季分明,春季干旱,夏季炎热,秋季多雨,冬季少雨雪。据西安气象站资料,多年平均气温为13.4 ℃,多年累计月平均气温7月最高为25.6 ℃,1月最低为-0.3 ℃,多年极端最高气温达41.0 ℃(1934年7月14日),极端最低气温为-20 ℃左右。

区内降水量年内和年际变化大(见图4-3、图4-4),且随地形变化,呈西北向东南递增,年平均(1932~2010年)降水量584.9 mm,最大降水量达900~1 000 mm,最小为300~400 mm,降水年内分配不均,冬季少雨干旱,春季雨量适中,7~9月前后雨量集中,占全年降水量的62%~65%,以中小降雨为主,暴雨较少。

研究区位于灞河河漫滩高新地产枫林九溪,该地段从第四系以来,堆积了巨厚的松散砂层和黏性土层,在垂直方向上砂层和黏性土层呈互层状交替分布,富有韵律。本地段含

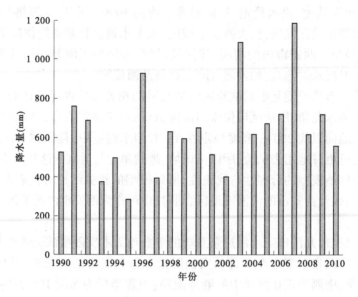

图 4-3　多年平均降水量

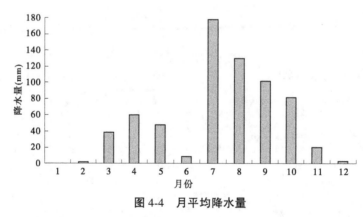

图 4-4　月平均降水量

水层主要由全新统及上、中更新统冲积相砂、砂砾石及中更新统冲洪积相砂、砂砾石组成,成因类型主要为风积层、冲积层及冲洪积层。

　　研究区位于灞河右岸,总体地势为东南高西北低。范围内的主要地貌类型按形态特征和成因可分为浐、灞河高漫滩、一级阶地、二级阶地、三级冲洪积扇四个地貌单元(见图 4-5),现分述如下:

　　(1)浐、灞河高漫滩。

　　主要分布在安邸村到郭渠村东北及北牛寺西北地区,沿浐、灞河呈带状分布,汇合口上游两河漫滩各宽 1~1.5 km,汇合口下游灞河漫滩宽 1.8~2.5 km。高程 378~392 m,后缘与一级阶地界限不明显。组成物质上部为薄层粉质黏土,下部为砂、砂卵石层,厚度数米至 15 m 不等。本次论证建设项目即位于该区域。

　　(2)一级阶地。

　　带状分布于浐、灞河左右两岸,浐河左岸分布不连续,下游河段一级阶地缺失。阶面

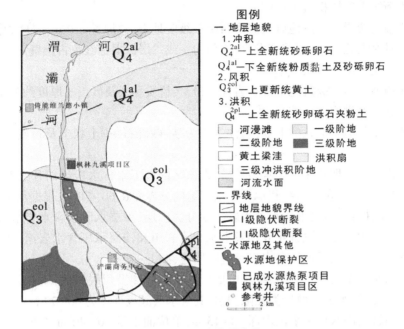

图 4-5　区域地质地貌

平坦,高程 388~393 m,宽约 1 km。组成物为全新世冲积砂砾卵石、粉质黏土、细砂,呈二元结构坐落于二级阶地下部地层之上。

(3)二级阶地。

主要分布在灞河东岸黄家村东北一带,灞河西岸谭家乡一带也有分布。为渭河二级阶地,阶面宽阔平坦,一般宽达 2.5~6 km,高程 385~400 m,前缘以陡坎状高出一级阶地3~8 m,组成物下部为砂及砂卵石与粉质黏土互层,具二元结构,上部有风积黄土覆盖。

(4)三级阶地。

主要分布在浐河西岸围墙村—新房村以西地带。地形南高北低,东高西低,地面标高392~409 m,地面形态波浪起伏,具明显的黄土梁、洼地地貌特征。梁、洼相对高差数十米,黄土梁和洼地均呈北东向展布,梁和洼地两侧地形多不对称,即南翘北俯,使梁地北坡缓长,南坡陡短,洼地则相反。组成物上部为 20~30 m 厚的中、上更新世风积黄土,夹三层古土壤层,下部为中更新世晚期冲洪积粉质黏土和砂、砂砾卵石层,厚约 10 m。

根据钻孔揭穿地层显示,分析范围内 220 m 以内均分布着第四系地层,第四系主要包括中、上更新统和全新统。成因类型主要为风积层、冲积层及冲洪积层,现简述如下:

①全新统上部冲积层(Q_4^{2al})。

主要分布于浐灞河的漫滩,由浐灞河冲积物组成,厚度为 14~15 m。岩性以砂、砂砾石层为主,局部含零星卵石,表面有薄层粉土。

②全新统下部冲积层(Q_4^{1al})。

主要分布于浐河、灞河一级阶地,岩性下部为砂、砂砾石,夹不稳定粉质黏土薄层,底部有零星卵石,厚 10~30 m,并延伸到漫滩之下,上部为粉质黏土,局部夹 1~2 层黑垆土,厚 1~2 m。

③上更新统上部风积黄土(Q_3^{eol})。

分布于灞河两岸二级阶地以及浐河西岸三级阶地上,总厚 8~10 m,岩性为淡灰黄色黄土,疏松、具有大孔隙,垂直节理发育,底部为一或二层棕褐棕红色古土壤。

④上更新统下部冲积层(Q_3^{al})。

分布于灞河两岸二级阶地下部。岩性为粉土、粉质黏土及砂层。厚度约为 40 m。

⑤中更新统冲洪积层(Q_2^{al+pl})。

主要埋藏于各地貌单元的下部,岩性主要为砂、砂砾石、黄土状土及粉质黏土。厚度 10~90 m。

根据区内地下水埋藏深度及水力性质,将该区的地下水含水岩组划分为潜水和承压水两大含水岩组,潜水含水岩组和承压含水岩组的分界面在 60~70 m;根据承压水含水层的厚度、水力条件进一步将承压水含水岩组划分为浅层、深层承压水含水岩组,其分界面在 178~230 m。由于本次论证主要涉及潜水含水岩组和浅层承压含水岩组。因此,在此只对潜水含水岩组和浅层承压含水岩组进行描述,如下:

该含水岩组由全新统、上更新统及中更新统上部的冲洪积层组成,岩性以砂、砂砾石为主,论证区内的潜水为松散岩类孔隙型水,其含水层底板埋深为 60~70 m。含水砂层较厚,水位埋深较浅,潜水自然水位埋深 10~15 m,单位涌水量 20~40 m³/(h·m),渗透系数为 10~30 m/d,水化学类型为 HCO₃-Ca 或 HCO₃-Ca·Mg 型,矿化度<1.0 g/L。目前,该含水层人工开采量较大,潜水位下降较明显,水文地质参数均有较大变化。此外,从水务部门监测结果来看,近年来该含水层水质受到不同程度的污染。

浅层承压含水岩组主要由中更新统冲洪积相细砂、中砂、粗砂或砂砾石组成,论证区内浅层承压含水层底板埋深一般在 178~230 m,自然水位埋深 15~20 m,低于潜水自然水头。该含水层较厚,单位涌水量 15~20 m³/(h·m),渗透系数 5~15 m/d,水化学类型为 HCO₃-Ca·Na 型,矿化度<0.5 g/L。承压水主要靠地下水径流及含水层之间的越流进行补给,水质良好,能够满足空调机组的用水要求。

本区潜水的补给来源主要有大气降水入渗及河流渗漏补给等。区域径流为由南南西向北北东向径流运动,水力坡度为 1‰~2‰。区内潜水排泄的方式主要为农灌开采,其次为向下越流补给承压水及向河流下游径流排泄。

浅层承压水主要补给源为上部潜水的越流补给,其次为来自南南西方向的地下径流补给,向北北东方向径流运动,水力坡度 2‰左右,排泄以人工开采为主,其次为向下游径流排泄。

根据分析范围内已有井的水文地质资料,该区潜水井口水温一般在 14~22 ℃,承压水井口水温一般在 16~18 ℃,见表 4-1。

表 4-1　论证区地下水水温调查

井位	井深(m)	静水位(m)	水温(℃)
安邸村	81	11.2	17
浐灞商务中心	80	27.2	16.2
贾家滩	73.13	0.83	14
三奶场	91.51		22
浐灞商务中心(二期)7#	282	41.8	18
浐灞商务中心(二期)8#	282	41	18
灞河水源地灞东更新 2#	190	46.58	17
灞河水源地灞西更新 6#	204	51.26	17
倚能·维兰德小镇 1#	180.35	12	18
长庆湖滨花园	150	8.1	17
枫林九溪售楼部 2#	230.5	18.5	16~18

　　潜水井口水温变化较大,主要是因为潜水水温受外界气温影响更大;而承压水则受外界气温影响较小,水温变化平稳。但二者水温均能满足《采暖通风与空气调节设计规范》(GB 50019—2003)中对水源热泵机组水源温度冬季不小于 10 ℃,夏季不宜大于 30 ℃ 的要求。

　　根据原陕西省地质矿产局第一水文地质工程地质队(现陕西省工程勘察研究院)对拟建东北郊水源地的水化学及水质分析成果,结合《西安地区环境地质图集》(1998 年),可知分析范围内潜水水化学类型主要为 HCO_3-Ca 型或 $HCO_3-Ca \cdot Na$ 型,矿化度一般小于 700 mg/L,最高 748 mg/L。由于受城市污水排放的影响,潜水水质受到一定程度污染,但近年来该区域作为国际港务区快速发展,农灌面积大幅度减小,市政污水排放得到有效治理,因此大部分水质指标仍可满足水源热泵空调机组的用水水质要求。

　　根据《西安地区环境地质图集》(1998 年)对承压水水化学类型的划分以及枫林九溪售楼部已成井的水质化验结果可知,该区承压水水化学类型主要为 $HCO_3-Ca \cdot Na$ 型,矿化度一般在 500 mg/L 之内。由于承压水埋藏于第一个稳定隔水层之下,不易受到人为污染,因此水质良好。枫林九溪售楼部已成井的水质化验结果显示,该承压水井 pH 值为 7.88,矿化度为 365.9 mg/L,Cl^- 为 10.6 mg/L,SO_4^{2-} 含量 33.6 mg/L,$Fe^{2+}(Fe^{3+})<0.080$ mg/L,均可满足空调机组用水水质要求(水质标准限值见表 4-2)。

表 4-2　水源热泵机组水质标准限值

项目	含量限值	项目	含量限值
含砂量	< 1/200 000	Cl^-(mg/L)	< 100
pH	6.5~8.5	SO_4^{2-}(mg/L)	<200
CaO(mg/L)	<200	Fe^{2+}(mg/L)	<1
矿化度(g/L)	<3	H_2S(mg/L)	<0.5

经调查,本区潜水和承压水均属于松散岩类孔隙水,水量较为丰富,不存在地裂缝、地面沉降等地质灾害问题。建设区所在区域过去以农利—居住及农业用地为主,开采地下水主要是用于农村生活和农田灌溉;20 世纪 90 年代在西安市北郊段村西侧的灞河东岸建成的段村水源地是目前西安市区地下供水水源之一,该水源共有水井 8 眼,全部沿河一字排开,其中承压井 4 眼,潜水井 4 眼,现正常运行的水井有 5 眼,日供水能力约 1.236 万 t,供水区域主要为太华路沿线单位和居民区;近几年随着城市的发展以及自来水管网覆盖范围的拓展,该区域自备井和农用井大多已经停用或报废,但同时又陆续建成了倚能·维兰德、陕西警官学院、浐灞商务中心等几处水源热泵项目。

参考《西安地区环境地质图集–西安地区地下水开发利用图》可知,1998 年前后该区潜水属采补平衡区,承压水属有开采潜力区。但是由于近年来降雨减少及该区域城市化快速发展,不透水地面急剧增加,使得本区域降雨入渗产生的地下水补给量有所减少。不过,该区域紧邻浐灞生态区,为全国水生态系统保护与修复示范区域,近几年水生态环境改善效果十分明显,使得河道对地下水资源的补给量有所增加。根据建设区内勘探井及周围近年来已成地下水井的勘探资料,本区地下水位埋深较浅,潜水水位一般在 10 m 左右、承压水水位埋深一般在 15 m 左右,且根据已成井抽水试验资料可知该区承压井单井出水量大。总体来看,该区域地下水(尤其是承压水)的开发利用程度不高,尚有一定的开发利用潜力。

4.3　砂槽试验条件及模型设计

4.3.1　试验条件

本次研究的物理模型是以西安市国际港务区迎宾大道以西的枫林九溪小区作为参考区域,在掌握枫林九溪小区基础地质资料参数及设计的单井抽水量等基础数据前提下建立。枫林九溪小区是由西安高新技术开发区房地产开发公司开发建设的集高层、别墅、洋房、公寓、商业等类型的商住小区。为了解决小区内建筑物的供热制冷问题,设计采用新型、节能环保的地下水源热泵空调技术。枫林九溪小区所处地貌单元为灞河漫滩,依据钻孔揭露地层,0~3 m 为粉土;3~60 m 为细中砂、中砂与粉质黏土不等的互层;60~187 m 为薄层粉质黏土与厚层的细砂互层。2014 年 5 月由西安市水务局组织相关专家对"高新地产枫林九溪项目地块水源热泵空调系统水资源论证报告"进行了审查,专家组认为井深 180~220 m,取水段 65~210 m 左右,取用浅层承压水,水源热泵采灌井井径 650 mm,单井出水量 70~80 m³/h 的设计方案符合实际条件,予以批准。因为砂槽物理模型相比理论研究、软件模拟等其他方法具有更直观、准确可信度高等优点,除此外,在近些年来大尺寸砂槽试验开展相对较少,因此本次研究拟采用的物理模型以砂槽模型为主,对研究地下水源热泵采灌井布设等问题有较大的科学意义。

砂槽模拟的最终目的是,将模型中所观测的结果换算成自然界实际水流所具有的相应数值,以提供最接近真实客观的各种试验数值,用以模拟实地地下水源热泵的运行状况。为了达到这个目的,必须使建立模型的各物理量和自然界实际渗流各物理量之间形成一固定的比例关系。为了使砂槽模型和自然界的各个物理量呈现一定的比例关系,要求模型的设计、制作和模拟必须遵守以下四个原则:

(1)几何相似原则。

模型和自然界渗流区域之间具有长度因次的各物理量都应该成同一比例。若以 α_l 表示长度比例系数(α 表示比例系数,角码 l 表示长度),则模型制作时,它的长度、宽度、含水层厚度、渗流长度及水头值,应满足下列关系:

$$\alpha_l = \frac{l_n}{l_m} = \frac{b_n}{b_m} = \frac{M_n}{M_m} = \frac{H_n}{H_m} \tag{4-1}$$

式中　l_n、b_n、M_n——自然界渗流区的长度、宽度和厚度(角码 n 表示自然界渗流区);

　　　l_m、b_m、M_m——砂槽模型渗流区域的长度、宽度和厚度(角码 m 表示模型渗流区);

　　　H_n、H_m——自然界渗流区及砂槽模型渗流区域的水头。

根据建设项目地下水取水水源分布特征和开发利用规划,为了全面、准确地了解该区域地下水资源的开发利用情况,以建设项目所在地的地质地貌单元为基准,并考虑行政区划的完整性,确定枫林九溪地下水源热泵空调系统水资源热泵分析范围为以枫林九溪项目区为中心,北至渭河,南至米家岩—灞桥镇东渠村一带,西至三奶厂—三里村—杨家庄一带,东至新合村一带,面积约 150 km²。行政区划上包括西安国际港务区和西安浐灞生态区两个开发区。建设项目分析范围和论证范围示意见图 4-6。

图 4-6　建设项目分析范围和论证范围示意

枫林九溪项目建设用地为二类居住用地,总面积 387.646 亩(1 亩 = 1/15 hm²,后同),分为 A、B、C 三个地块,总建筑面积 59 万 m²,按照便于水量分析、突出重点、兼顾一般的原则,以项目区井群外包线外径为界;根据调研结果,为了尽可能满足试验条件要求、减小试验误差,并且考虑到试验场地等实际情况,选取长度比例系数 $\alpha_l = 100$;根据《西安枫林九溪项目水源热泵空调系统水源井凿井工程施工报告》资料显示,水源地开凿井井深在 180~220 m,因此可选取渗流区厚度 $M_n = 200$ m 作为本次模型设计参考厚度,此外,自然界渗流区水头 $H_n = 20$ m。

按照式(4-1)可得出:模型渗流区厚度 $M_m = 2$ m,模型渗流区水头 $H_n = 0.2$ m;按照模型尺寸大于等于实际井间距 α_l 设计理念,本次试验选取模型渗流区长度 $l_m = 3$ m,模型渗流区宽度 $b_m = 2$ m。

(2)动力相似原则。

砂槽模型各质点和自然界渗流区域相应质点所受作用力的性质应保持一定的比例。由于自然界绝大部分渗流为层流状态,惯性力远远小于黏滞力,所以模型制作时可忽略惯性力,使模型中渗流保持层流状态。这样,自然界渗流区域和模型渗流区域都服从线性定律,因此应满足:

$$\alpha_v = \frac{v_n}{v_m} = \frac{-k_n \dfrac{\mathrm{d}H_n}{\mathrm{d}l_n}}{-k_m \dfrac{\mathrm{d}H_m}{\mathrm{d}l_m}} = \alpha_k \tag{4-2}$$

式中　v_n、v_m——自然界渗流区域和砂槽模型渗流区域的速度;

k_n、k_m——自然界渗流区域和砂槽模型渗流区域的渗透系数;

$\dfrac{\mathrm{d}H_n}{\mathrm{d}l_n}$、$\dfrac{\mathrm{d}H_n}{\mathrm{d}l_n}$——自然界渗流区域和砂槽模型渗流区域的水力梯度;

α_v——渗透速度比例系数,$\alpha_v = \dfrac{v_n}{v_m}$;

α_k——渗透系数比例系数,$\alpha_k = \dfrac{k_n}{k_m}$。

根据研究区片区水资源论证报告显示,研究区浅层承压水主要补给源为上部潜水的越流补给,其次为来自南南西方向的地下水径流补给,西北北方向径流运动,水力梯度为 2‰ 左右,排泄以人工开采为主,其次为向下游径流排泄。由于圈定研究区范围较小,并且研究区所在区域水力梯度较小。因此,水力梯度 $\dfrac{\mathrm{d}H_n}{\mathrm{d}l_n}$、$\dfrac{\mathrm{d}H_m}{\mathrm{d}l_m}$ 可以忽略不计,则式(4-2)可以变为

$$\alpha_v = \frac{v_n}{v_m} = \frac{k_n}{k_m} = \alpha_k \tag{4-3}$$

在动力相似原则下,α_v 和 α_k 的选取原则是,尽可能使砂槽模型渗流区域与自然界渗流区域水动力条件相似。这样,只要保证:

$v_n = v_m$,那么 $\alpha_v = \alpha_k = 1$

$v_n = 2v_m$,那么 $\alpha_v = \alpha_k = 2$

……

根据前期收集枫林九溪水文地质资料和后期渗透系数试验,试验过程中为保证所建立模型和自然界保持相似的渗流条件,更好地模拟研究区状况,取自然界渗流场渗透系数 k_n 和砂槽模型渗流场渗透系数 k_m 相等,即 $k_n = k_m$,则可得 $\alpha_v = \dfrac{v_n}{v_m} = \alpha_k = \dfrac{k_n}{k_m} = 1$,即应该满足: $v_n = v_m$(自然界渗流场渗流速度 v_n 等于砂槽模型渗流场渗流流速 v_m); $k_n = k_m$(自然界渗流场渗透系数等于砂槽模型渗流场渗透系数)。

根据达西定律,渗流速度 $v = Q/F$,其中 Q 为流量, F 为过水断面面积。枫林九溪水源热泵运行状态实时监测显示,抽水量平均值 $Q = 80$ m³/h,采灌井井径 $D = 600$ mm,取水段长度 $L = 120$ m,因此过水断面面积 $F = \pi D L$,所以自然界渗流场和砂槽模型渗流场速度 $v_n = v_m = Q/F = 80/(\pi \times 0.6 \times 120) = 0.35$ m/h。

西安市地下水源热泵系统项目基本调查表资料和枫林九溪水源井凿井工程报告统计调查(见表 4-3)显示,抽水井渗透系数多数集中在 $8 \sim 13$ m/d,因此砂槽试验中可以选取渗透系数介于 $8 \sim 13$ m/d 的典型介质,用来模拟不同渗透系数条件下的情况进行试验。

(3)运动相似原则。

在动力相似原则下, α_v 的选取原则:尽可能使自然界渗流区域和砂槽模型渗流区域的水动力条件相似;砂槽模型和自然界渗流区域的相应液体质点的迹线应该相似,而且液体质点流过相应线段所需的时间成一定比例,为此应该满足:

$$\alpha_v = \frac{v_n}{v_m} = \frac{n_n \dfrac{\mathrm{d}l_n}{\mathrm{d}t_n}}{n_m \dfrac{\mathrm{d}l_m}{\mathrm{d}t_m}} \tag{4-4}$$

式中　n_n、n_m——自然界渗流区域和模型渗流区域的有效孔隙度;

　　　$\dfrac{\mathrm{d}l_n}{\mathrm{d}t_n}, \dfrac{\mathrm{d}l_m}{\mathrm{d}t_m}$——自然界渗流区域和模型渗流区域的实际流速;

　　　α_t——时间比例系数, $\alpha_t = \dfrac{t_n}{t_m}$;

　　　α_n——有效孔隙度比例系数, $\alpha_n = \dfrac{n_n}{n_m}$。

则式(4-4)可变为

$$\alpha_v = \frac{v_n}{v_m} = \frac{n_n \dfrac{\mathrm{d}l_n}{\mathrm{d}t_n}}{n_m \dfrac{\mathrm{d}l_m}{\mathrm{d}t_m}} = \frac{\alpha_n \alpha_l}{\alpha_t} \tag{4-5}$$

试验中选取自然界渗流区和砂槽模型渗流区域渗透系数相同,所以 $\alpha_n = \dfrac{n_n}{n_m} = 1$;已知 $\alpha_l = 100$, $\alpha_n = 1$, $\alpha_v = 1$,则可以推论出 $\alpha_t = 100$ 模拟时间选定一个完整采暖期,即连续供暖时间 30 天×4 个月 = 120 天,同时假定抽水量能够完全实现回灌,则在 $\alpha_t = 100$ 的情况下,

可得 $t_m=1.2$ 天。即试验以 1.2 d 作为一个周期。

表 4-3　枫林九溪小区抽水井渗透系数

井号(#)	地层结构	含水结构	渗透系数(m/d)	含水层性质
1#			8.4	
4#			11.3	
5#			11.75	
6#			12.09	
7#			13.09	
8#			11.25	
9#			10.98	
10#			11.50	
11#			10.67	
12#			10.61	
13#			9.72	
14#			8.77	
15#			6.65	
16#	地貌单元属于灞河漫滩,地质上为第四系冲洪积层(Q^{al+pl})。0~3.00 m 为粉土;3.00~60.00 m 为细中砂、中砂与粉质黏土不等厚互层;60.00~187.00 为薄层粉质黏土与厚层的细砂互层	由中更新统冲洪积相细砂、中砂、粗砂或砂砾石组成	14.62	浅层承压水
17#			14.98	
20#			14.98	
21#			12.62	
22#			14.55	
23#			11.52	
24#			7.45	
25#			9.98	
26#			7.20	
27#			8.16	
28#			11.49	
29#			14.05	
30#			13.42	
31#			11.08	
32#			12.36	
33#			17.09	
34#			7.49	
35#			9.0	
36#			15.91	
37#			12.50	
38#			13.85	
39#			6.5	
40#			5.9	
41#			6.41	
42#			6.47	

（4）边界条件一致原则。

边界条件一致原则要求：模型边界的性质和形状应和自然界完全一致。若为水头边界，则要求模型的起始时刻和整个试验过程中边界水头比例保持不变。假如自然界有渗入补给（或蒸发消耗）的渗流，也应该满足渗入（或蒸发比例）按照一定比例，即

$$\alpha_g = \alpha_k \tag{4-6}$$

式中　α_g——蒸发强度比例系数；

　　　α_k——渗入蒸发强度比例系数。

在抽灌过程中，只要实现完全回灌（100%回灌），则这一边界条件应该得以满足。

砂槽模型的设计、制作和模拟过程中都必须遵守上述四个原则。砂槽模型的设计程序是：首先根据自然渗流区域大小及其他具有长度因次的物理量，选择出长度比例系数 α_l，确定渗流槽的大小。然后根据勘探所得到的 k_n 等水文地质参数，以及实验室已备试验砂土来确定渗透系数的比例系数 α_k。

在砂槽模型设计中，α_l、α_k、α_n 可以按照实际情况自行选择，而其他比例系数都由上述三个基本比例系数导出。结合回灌现场及砂槽模拟渗流场数据，再根据上述公式并考虑本次砂槽模型建立的实际需求选取，本次建立的砂槽模型长度比例系数 α_l、渗透系数的比例系数 α_k、时间比例系数 α_t 分别为 100、1、100。

建立模型时，水文地质参数选取非常重要，渗透系数就是其中之一。渗透系数的大小不仅取决于岩石的性质，而且与渗透液体的物理性质以及压实度有关。室内渗透系数测定是根据达西关于多孔介质中地下水的线性渗透定律而设计的。由达西定律可知，在常水头条件下，水流在单位时间内透过岩石空隙的流量（Q）与岩石的断面面积（ω）、水力坡度（I）成正比；测定不同试样的渗透系数。

$$Q = K\omega \frac{\Delta H}{L} = K\omega I \tag{4-7}$$

式中　Q——渗透流量，cm^3；

　　　ω——过水断面面积，cm^2；

　　　ΔH——上下游过水断面的水头差，cm；

　　　L——渗透途径，cm；

　　　I——水力坡度。

由上式可推知，$K = \dfrac{Q}{\omega I} = \dfrac{V}{I}$，亦即渗透系数在数值上等于水力坡度为 1 时，透过某单位过水断面的渗流量（亦即渗流速度）。

根据上述方法，本次研究根据野外现场勘查资料，结合室内模拟要求，选取了不同粒径的细砂、中砂、粗砂经过水洗和不同填料配比条件下的十余组渗透系数测定试验（渗透试验现场照片见图 4-7），得出最终与试验相关的五组结果，如表 4-4 所示。

采用多次试验求平均值的方法得到以上结果，其中第二、三组和第四组试验结果介于所选定参考区域渗透系数之内，可以作为主要试验取值，第一组和第五组试验结果不在所选定参考区域渗透系数之内，在砂槽试验中可以作为辅助参考值。在本次渗透系数测定试验中，不同砂土比例、填料捣实度对试验结果影响比较大，因此填料过程务必严格按照

图 4-7　渗透试验现场照片

试验中不同粒径、颗粒比例以及压实程度进行。

表 4-4　渗透试验系数配比及结果

次数	中砂体积(mL)	粗砂体积(mL)	比例系数	渗透系数 K(m/d)
第一组	1 630	220	7.5∶1	5.47
第二组	1 500	400	3.75∶1	9.21
第三组	1 270	630	1∶2	9.7
第四组	960	930	1∶1	12.38
第五组	475	1 425	1∶3	18.064

　　根据试验目的与要求,室内砂槽试验拟采用三维矩形设计,砂槽长、宽、高尺寸满足模拟三维地下水流,基本反映研究区地下含水层的温度场、应力场、渗流场和化学场相关情况。

4.3.2　砂槽模型初定设计参数

　　研究采用砂槽模拟地下水源热泵系统运行对渗流场、温度场、化学场、应力场的影响。需参阅文献参考以及自行设计,建造适合本试验砂槽,具体设计参数如下:
　　(1)砂槽用耐腐蚀高轻度材料制成,防止变形、腐蚀对试验的干扰。
　　(2)尺寸:暂定 2 m×1.5 m×0.5 m(长×宽×高),即根据实际情况可调整。
　　(3)砂槽填充若干层介质厚度大约为 0.5 m,介质粒径从研究区采样选取,模拟不同工况下的地质结构组成。
　　(4)槽内布设抽灌井与热泵系统连接,抽灌井数量根据工况而定。
　　(5)砂槽两侧分别安装进水控制水头装置以及出水控制水头装置。

(6)砂槽正面布设显示地下水水位的测压管,抽灌井安装温度监测仪表、流量计及在含水层铺设应力传感器进行监测。

4.3.3　砂槽模型设计

研究采用砂槽模拟地下水源热泵系统运行对渗流场、温度场、化学场、应力场的影响。需参阅文献参考以及自行设计,建造适合本试验砂槽。

本次试验设备制作主要包括钢架主体、温度控制及监测、流量调整及监测、砂槽内部应力监测(及沉降量监测)。

设计中以西安市国际港务区迎宾大道以西的枫林九溪小区作为试验基地参考,严格按照砂槽设计基本原则要求砂槽模型和自然界的各个物理量呈现一定的比例关系,根据枫林九溪 B 块小区的长宽和深度的尺寸即约长 300 m,宽 200 m,深度为 200 m。我们所做砂槽模型根据研究区的尺寸按照几何相似原则 100 倍缩放,最终砂槽模型的基本尺寸设计成 3.0 m×2.0 m×2.0 m(长×宽×高),模型所留上覆厚度 25 cm 与实际含水层厚度 175 m,上覆 40 m 符合几何相似原则,即砂槽内砂层厚度 175 cm 代表实际含水层厚度 175 m。

砂槽模型的基本尺寸为 3.0 m×2.0 m×2.0 m(长×宽×高)。砂槽平面示意图见图 4-8。

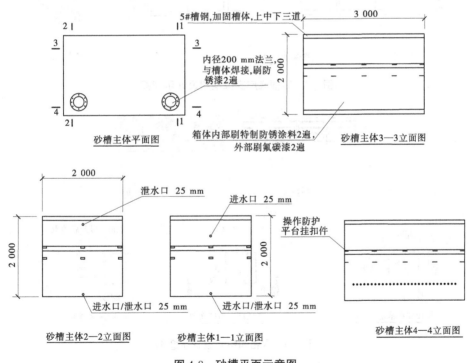

图 4-8　砂槽平面示意图

砂槽的基本结构分为砂槽主体、供水水箱、操作平台和支撑钢构四部分构成。根据试验预设设计方案并且在满足试验条件、保证砂槽承受强度和安全因素考虑等技术要求下选择砂槽主体使用 10 mm 无缝钢板,其支撑钢架使用 10#槽钢(见图 4-9),安全防护平台使用 50 mm×50 mm 方钢、30 mm×30 mm 角铁,以及高强度网片;小水箱使用 8 mm 无缝钢板(见图 4-10),其支撑钢架使用 30 mm×30 mm 角铁(见图 4-11),砂槽主体内部固定网架使用 30 mm×30 mm 镀锌方钢(见图 4-12)。砂槽主体和供水水箱由耐腐蚀镀锌钢板材料制成;操作平台由不锈钢材料焊接而成。

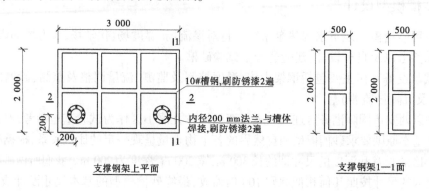

图 4-9 砂槽底座支撑钢架设计示意图

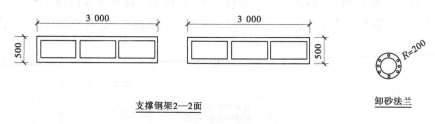

防护扶手   防护踏板

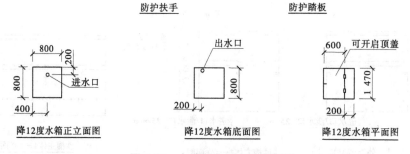

图 4-10 水箱和护栏设计示意图

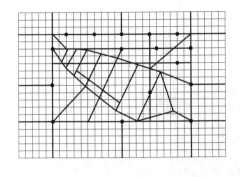

抽灌井上层加固网架

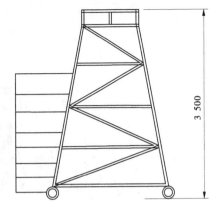

降12度水箱支撑架

图 4-11　内部固定网设计示意图　　　图 4-12　水箱支架示意图

首先按照预设方案画出施工图,经过严密的审图后安排加工制作。制作加工中按照图纸的尺寸大砂槽 3 000 mm×2 000 mm×2 000 mm、支撑钢架 3 000 mm×2 000 mm×500 mm。

将准备好的材料分类存放,按照先底座、后上层的顺序依次按照结构焊接。焊接完成后检查焊缝是否饱满、平顺,检查无误后加介质试验其强度是否满足要求。如果不满足要求,则修复损处。检查一切都符合要求后除锈、刷防锈漆、刷沥青漆。固定网架:根据槽内布设点的位置、形状制作出不规则形状的网架。图 4-13 为温度调节器设计图,图 4-14 为阀门水样采集设计图,图 4-15 为最终设计图。

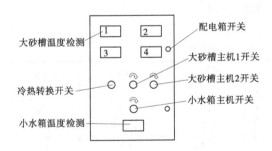

图 4-13　温度调节器设计图

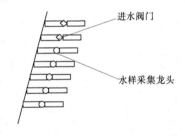

图 4-14　阀门水样采集设计图

砂槽填充若干层介质厚度为 2.0 m,介质粒径根据研究区地质资料选取相同渗透系数介质,模拟不同工况下的地质结构组成。其中在 0.25 m 以下填充按照一定比例混合后的粗中砂;0.05～0.25 m 覆盖黏土层,剖面示意图见图 4-16。

砂槽内设置 27 个模拟抽灌井,抽灌井内径为 14 mm,外径为 18 mm,长度为 2.0 m;在模拟抽灌井 0～0.6 m 处不打孔;0.6～2.0 m 长度内开孔(圆孔),孔径 5 mm,孔间距 5 mm,呈梅花状,抽灌井外壁包裹纱布 2 层,纱布规格为 100 目。在砂槽侧面布设显示每个抽灌井水位的测压管,共 27 个。除此之外,模拟抽灌井设计每个抽灌井的温度和水样采集,并根据试验需求实现模拟抽灌井的调整和互换。模拟抽灌井坐标位置见表 4-5、井位

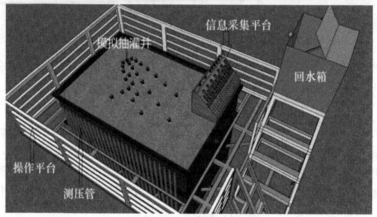

图 4-15　最终设计图

平面布局见图 4-17、抽灌井井管规格设计见图 4-18。

表 4-5　模拟抽灌井坐标位置

编号	X(mm)	Y(mm)	编号	X(mm)	Y(mm)
W1	63.2	132.4	W15	100	50
W2	72.3	150	W16	110	70
W3	67.8	142.5	W17	116.6	83.2
W4	69.1	123.8	W18	130	110
W5	76.5	136.8	W19	144	136.8
W6	84.2	150	W20	139.1	81
W7	80.7	112.8	W21	140.8	65.3
W8	90	130	W22	157	96.6
W9	98.7	147.9	W23	172.5	128
W10	96.2	111.5	W24	172	50
W11	96.6	98.8	W25	187.8	81.5
W12	108	121	W26	205.5	117.3
W13	119.1	143.2	W27	223.7	63.4
W14	115.6	97			

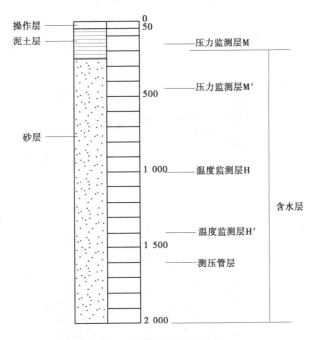

图 4-16　砂槽模型剖面示意图

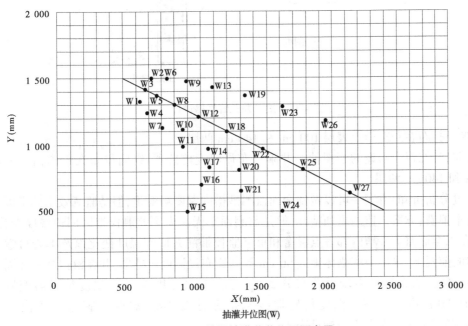

图 4-17　模拟抽灌井井位平面布局

砂槽内布设温度监测传感器用于监测砂槽内部各部分温度变化;计划有如下布设方案:

方案一:在 2 m×3 m 的长方体槽体内平面上间隔 40 cm 等距离、线性排布若干温度传

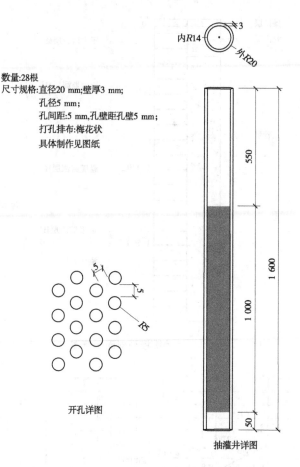

数量:28根
尺寸规格:直径20 mm;壁厚3 mm;
　　　　孔径5 mm;
　　　　孔间距:5 mm,孔壁距孔壁5 mm;
　　　　打孔排布:梅花状
　　具体制作见图纸

开孔详图

抽灌井详图

图 4-18　抽灌井井管规格设计

感器,纵向排布在距离槽上表层 100 cm 和 140 cm 两层。

方案二:在每个布设的模拟抽灌井附近布设温度传感器,纵向排布在距离槽上表层 100 cm 和 140 cm 两层。

经过分析可知:方案一可以做到全面监测砂槽内温度场变化,但是监测效率低下以及制作成本浪费;方案二监测更加精准,但是监测面窄无法做到监测模拟区周边温度变化。因此,在以全面监测砂槽内部各点温度和重点监控抽灌井周围温度变化以及本着科学节约成本的前提下,采用距离槽体周边 50 cm 等间距布设温度传感器,并在模拟抽灌井周围加密布设的方法在砂槽内埋设分布分 2 层,每层 36 个,共 72 个。温度传感器型号为 XY-WD01B 温度传感器。温度传感器技术指标见表 4-6。温度传感器具体位置见图 4-19,温度传感器布设点坐标见表 4-7。

表 4-6　温度传感器技术指标

仪器名称	型号	分辨率	量程	外型尺寸		特点
				直径	长度	
智能数字温度传感器	XY-WD01B	0.1 ℃	−55~125 ℃	8 mm	40 mm	带智能电子编号

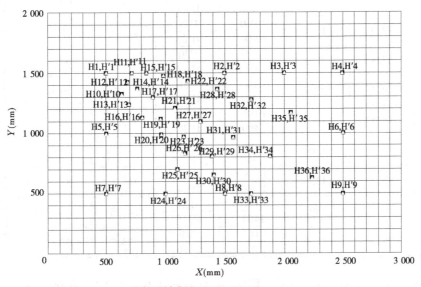

温度监测点位图(■H1000,△H′1400)

图 4-19　温度传感器布设点位置示意

表 4-7　温度传感器布设点坐标

编号	X(mm)	Y(mm)	Z(mm)	编号	X(mm)	Y(mm)	Z(mm)
H1	50	150	1 000	H19	96.2	111.5	1 000
H′1			1 400	H′19			1 400
H2	150	150	1 000	H20	96.6	98.8	1 000
H′2			1 400	H′20			1 400
H3	200	150	1 000	H21	108	121	1 000
H′3			1 400	H′21			
H4	250	150	1 000	H22	119.1	143.2	1 000
H′4			1 400	H′22			1 400
H5	50	100	1 000	H23	115.6	97	1 000
H′5			1 400	H′23			1 400
H6	250	100	1 000	H24	100	50	1 000
H′6			1 400	H′24			1 400
H7	50	50	1 000	H25	110	70	1 000
H′7			1 400	H′25			1 400

续表 4-7

编号	X(mm)	Y(mm)	Z(mm)	编号	X(mm)	Y(mm)	Z(mm)
H8	150	50	1 000	H26	116.6	83.2	1 000
H'8			1 400	H'26			1 400
H9	250	50	1 000	H27	130	110	1 000
H'9			1 400	H'27			1 400
H10	63.2	132.4	1 000	H28	144	136.8	1 000
H'10			1 400	H'28			1 400
H11	72.3	150	1 000	H29	139.1	81	1 000
H'11			1 400	H'29			1 400
H12	67.8	142.5	1 000	H30	140.8	65.3	1 000
H'12			1 400	H'30			1 400
H13	69.1	123.8	1 000	H31	157	96.6	1 000
H'13			1 400	H'31			1 400
H14	76.5	136.8	1 000	H32	172.5	128	1 000
H'14			1400	H'32			1 400
H15	84.2	150	1 000	H33	172	50	1 000
H'15			1 400	H'33			1 400
H16	80.7	112.8	1 000	H34	187.8	81.5	1 000
H'16			1 400	H'34			1 400
H17	90	130	1 000	H35	205.5	117.3	1 000
H'17			1400	H'35			1 400
H18	98.7	147.9	1 000	H36	223.7	63.4	1 000
H'18			1 400	H'36			1 400

　　砂槽内布设应力传感器进行沉降监测,压力传感器型号为 YTDG0100 系列单点沉降计,精度为 1 mm;槽体内应力传感器分布为上下两层,每层 9 个,共 18 个。应力传感器具体位置见图 4-20 和表 4-8 所示为应力传感器布设点坐标。

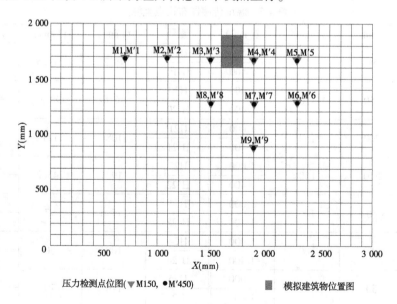

图 4-20　沉降监测点位置布局

表 4-8 应力传感器布设点坐标

编号	$X(\text{mm})$	$Y(\text{mm})$	$Z(\text{mm})$	编号	$X(\text{mm})$	$Y(\text{mm})$	$Z(\text{mm})$
M1	70	170	150	M6	230	130	150
M′1			450	M′6			450
M2	110	170	150	M7	190	130	150
M′2			450	M′7			450
M3	150	170	150	M8	150	130	150
M′3			450	M′8			450
M4	190	170	150	M9	190	90	150
M′4			450	M′9			450
M5	230	170	150				
M′5			450				

抽灌井设计监测抽灌流量的流量计,最大监测量能满足 2 抽 5 灌,即满足监测量最大为 7 个模拟抽灌井同时工作。砂槽抽灌系统装置运行过程中通过流量计控制,抽灌井的单井进出水量最小为 0.01 m³/h。

为模拟水源热泵工作状态,必须保证整个试验过程中砂槽箱体维持 18 ℃恒温状态,上下浮动在±0.5 ℃内;回水箱水温能够瞬时将温度降至 12 ℃并保持恒温进入回灌模拟井,砂槽模型设计中分别使用百福特 WLA40T/ZB29 kΩ 一代热交换机组三台调节砂槽箱体保温和控制回水箱体温度,除此外在砂槽和回水箱体外壁包裹 2 cm 厚的保温棉做保温处理。为保证砂槽不受不同天气和不同季节变化下的影响运行,在砂槽所在的试验场地内安装两台奥克斯(AUX)大型空调保证砂槽试验的正常运行。砂槽系统工作原理图见图 4-21。

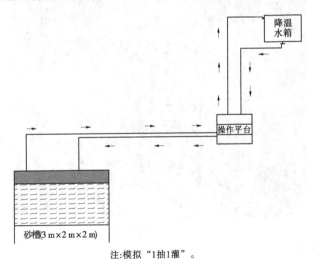

注:模拟"1抽1灌"。

图 4-21 砂槽系统工作原理

温度控制及其监测:

　　根据实际情况,要保证箱体内部 18 ℃,需考虑到制热、制冷两个方面,所以设计两组机组根据不同需要进行不同的调整。

　　机组的安装,主机安置在操作室外散热,内部制作控制箱方便控制整个温度机组的启停及温度的设定调整。图 4-22 为控制槽体温度的机组。

图 4-22　控制槽体温度的机组

　　箱体内部使用镀锌角铁焊接一副支撑盘管的钢架,并使用 DN20 铜管以 200 mm 的间隙在 3 000 mm×2 000 mm 的平面上顺着钢架往下延伸 1 500 mm,使其成为一个环状的区域,从而控制箱体内部的温度。铜管钢架如图 4-23 所示。

图 4-23　铜管钢架

　　流量调整及监测:

　　流量量程为 0.01~0.87 m³/h,由于量程较大所以在制作过程中使用两个不同量程的流量调节器来控制流量。0.01~0.1 m³/h 组合 0.12~0.87 m³/h 使用。

　　在只有一个进水口、一个出水口的情况下,使用三通的原理将两个不同量程的流量调节器组合在一起使用,即进水口使用一个三通将两个水管并在一起,出水口也是将两个水管并在一起,这就实现了外部还是一个进水口、一个出水口,然而内部却能进行复杂的转换。流量设计图及成品图如图 4-24 所示。

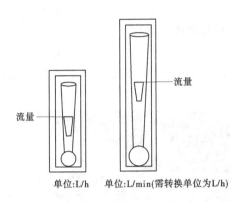
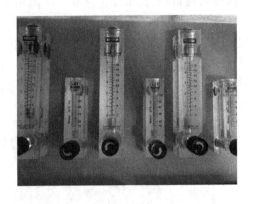

单位:L/h　　单位:L/min(需转换单位为L/h)

图 4-24　流量设计图及成品图

试验调试过程中的问题及解决方案:

室内砂槽模拟试验在制作、准备、试验等过程中出现了以下问题,在与做槽师傅的讨论中提出了相应的解决措施,并付诸实施,取得了较好的效果。

问题及解决措施:

在试验槽体大体框架制作过程中,首先通过枫林九溪的实地考察,并结合相应的关于枫林九溪的地层、地质构造等相关文献、报告等,得出模拟槽体中砂的渗透系数为 8~13 m/d。根据这个渗透系数,首先在实验室做达西试验进而确定合适的砂配比。

室内达西试验:首先洗净粗砂、中砂、细砂若干,然后填砂,注水(让砂完全饱和),最后测量,记录数据,计算出最终结果。室内试验图片如图 4-25 所示。

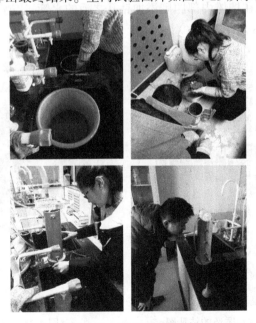

图 4-25　室内渗透试验

在试验过程中需注意,一定要将砂捣实,上水时一定要从测压管下面上水且上水的速度应尽可能得慢,让水完全饱和。所测结果如表 4-4 所示。

　　洗砂:根据渗透系数的范围,用现场的原砂在长安大学雁塔校区实验室进行最优化的配比,在尝试后最终选定中砂与细砂的比例为 1 : 2,所测渗透系数为 10.9 m/d,在洗砂的过程中首先用自来水将砂中的泥洗净,再用枫林九溪的原水进行冲洗,直至砂中无明显杂质即可。在洗砂之初,速度比较慢,经讨论后,用推车进行初步的自来水冲洗,再用原水进行洗砂,如图 4-26 所示。

图 4-26　洗砂现场图

　　初步调试:在砂槽初步做好之后,将槽体里填满自来水,进行温度调试,看槽体温度是否能达到 18 ℃左右,小水箱温度是否能达到 12 ℃左右,运行两到三天,看是否稳定。在运行两天之后,槽体的整体温度不均匀且不能保证 18 ℃左右。经过项目组的协商,最后确定在槽体的四周钻孔,孔的高度在离槽体底部 170 cm 的地方,用泵将水从底部抽到上面,让水流到槽体底部形成循环,经过改进、调试、运行之后,槽体温度基本能达到 18 ℃。钻孔图如图 4-27 所示,在槽体内部四侧添加钻孔之后的水管,让槽体内部水循环起来,加管子的示意图如图 4-28 所示。

图 4-27　用于槽体水循环的钻孔图　　　　　图 4-28　加埋水管示意图

　　取原水:在洗砂之前,需去枫林九溪地下室取原水,用来洗净砂,由于用水量较大,平均两到三天需要去取一次原水,每次取 40 桶,每桶 25 mL,即每次取一升水,如图 4-29 所示。

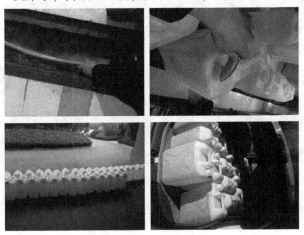

图 4-29　取原水现场图

　　填砂:将洗净的砂按照中砂与细砂 1:2 的比例混合均匀,在填砂过程中应一边填砂,一边缓慢上水,这样可以让砂尽可能地饱和,在填一部分之后再用工具将所填砂捣实,以此循环,直至将砂填到距槽底部 170 cm 的高度,在此高度上再铺一层油布进行隔离(本应该在此高度上面覆盖黏土,考虑到上水之后水会与黏土混合导致水质变化较大,最后选用油布),再在油布上覆盖 20 cm 的砂。填砂图如图 4-30 所示。

图 4-30　填砂现场图

续图 4-30

　　上水：在砂填好之后，需给槽体上水，让砂完全饱和，且让测压水位上升到指定的距槽体底部 175 cm 的高度。上水时采取小水泵抽水，首先将水倒入桶中，再将泵打开，先将桶中的水抽到小水箱中，再让小水箱中的水自然流入大槽体中。随时观测测压管水位，当水位上升到 175 cm 时，停止上水，等槽体水位稳定后，这时，水位会稍微下降，再上水，观测，等水位稳定，如此循环，直至最后水位稳定在 175 cm 时停止上水，如图 4-31 所示。

图 4-31　槽体上水示意图

　　调试：当砂完全饱和，水位上升至指定高度后，进行温度的调试，调节温度按钮，槽体温度设定为 18 ℃，小水箱温度设定在 12 ℃，设定完成，等槽体大部分温度稳定达到 18 ℃，小水箱稳定在 12 ℃时，每隔 10 min 观测一次数据，持续观测 2 h，直至槽体温度稳定在 18 ℃左右，小水箱温度稳定在 12 ℃左右，即可认为温度基本合适。当温度基本达到试验要求时,对抽灌井、流量计、压力传感器、温度显示屏均进行测试,并进行抽灌试验,仪器大部分完好,但进行抽灌试验时,有水从砂中溢出,为解决水溢出的问题,我们在槽体一侧钻一个溢水孔,这样可保证槽体中最高水位,溢水孔如图 4-32 所示。

室内空调的调节:当槽体基本能达到温度要求时,需对空调进行微调,晚上一直持续到上午,温度应略高于 18 ℃,如 18.5 ℃、19 ℃左右,下午室外温度较高时,空调温度应略低于 18 ℃或保持在 18 ℃,这样可以更好地配合槽体的 18 ℃恒温。

早上槽体温度偏低:在进行正常调试后,早上槽体的整体温度会偏低,这是由于晚上温度较低,制冷机外侧排风口有霜,导致制冷机加热时,从槽体里抽出的冷空气在向外排出

图 4-32　溢水孔示意图

时,凝结成霜,导致制冷机正常加热受阻。可以烧一壶热水淋在制冷机外侧或者将温度调节器的设定温度调低,使制冷机对槽体暂时制冷,抽出的热空气将机壳外侧的霜融化,也可解决此问题。如图 4-33 所示。

图 4-33　制冷机外壳覆霜图

阀门顺序:在进行抽灌试验时,应注意抽井和灌井的总流量一致,开泵的顺序亦是重大问题,进行抽水时,应先开控制泵的阀门,再立马打开小水箱一侧的进水阀,由于泵的功率不够大,应通过所抽的流量大小控制抽水的开关,若开关全开,所抽流量过小,会损坏泵,若没有打开小水箱一侧的阀门,会导致接口脱落,水喷出。同理,在关泵时,也应先关泵,再关阀门。若在关完泵的开关时未及时关闭小水箱上的阀门,可能会导致水泵中水流完,再次用泵时无法正常使用,这时应在泵里灌满水,如图 4-34 所示。

流量计异常:当试验一段时候后,发现流量计中有异物,导致流量计无法正常使用,可用铁丝将流量计中的异物捞出,即可解决问题,如图 4-35 所示。

温度场和应力场的信息采集集中显示:砂槽系统整体运行功率应在 380 V/50 Hz,

图 4-34　泵中灌水示意图

6~9 kW 或 220 V/50 Hz,6~9 kW 内。通过上述描述建立砂槽基本三维模型如图 4-36~
图 4-37 所示,成品如图 4-38 所示。

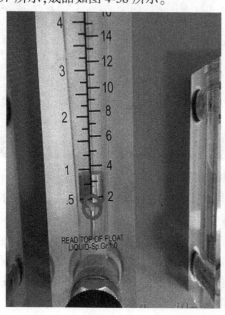

图 4-35　流量计异常及处理图

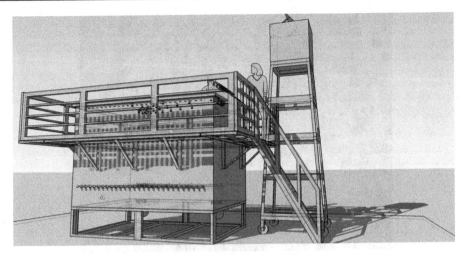

图 4-36　砂槽模型透视图

图 4-37　砂槽模型仰视图

图 4-38　砂槽模型成品图

续图 4-38

4.4　模型验证

根据某个具体水源热泵项目情况,将砂槽试验模型相关设计参数进行调整,模拟同一时段该项目的水源热泵系统运行,同时对该项目进行外部监测,将外部监测数据与室内砂槽试验数据进行对比分析,分析的结果对模型进行验证,在可允许范围值内,模型验证成功。

经过长达一年半的前期砂槽设计和中期加工制作后,砂槽主体已具备试验初步条件,但仍需要对填充介质、温度传感器、沉降计、回灌水箱、仪器精度等主要部分进行进一步调试,因此开展了如下工作:

为了更好地还原模拟地下水源热泵实际运行状况、模拟区域水源地水文地质结构,在不能实现采用模拟区含水层原砂的条件下,根据模拟研究区地质地层结构情况和现场调研对比,选取灞河河漫滩分选性好、含泥量小、磨圆度高的粗、中原砂作为介质填充预备用料。除此外,为能达到和模拟水源地含水层渗透系数相当,并且防止在试验过程中泥沙对模拟抽灌井的堵塞影响,以及减少所选取的砂土对模拟过程中水质的影响,本次试验选取不同粒径的粗砂和中砂,在运输至试验场地后经过如下三步进一步处理:

(1)通过 12 目的筛网和 35 目的筛网对预填充砂土进一步筛选,去除卵石和细砂等杂质。

(2)抽取模拟水源地抽灌井原水,对筛选后的粗砂和中砂进行多次涮洗,直至"水清砂净",见图 4-39。

(3)按一定比例混合。为了监测混合后填充介质的渗透系数,取混合后样品在室内用"常水头"渗透系数测定方法进行测定矫正。

完成上述准备工作后开始填充介质;按设计要求,砂槽内部距离槽底部 1.75 m 内填充混合粗砂、中砂外,1.75~1.95 m 高度内填充黏土,以上 5 cm 空间为试验操作层。为使试验中砂槽内含水层在一个相对封闭环境并且属于一个浅层承压含水层,阻止试验中含

图 4-39　枫林九溪取水和清洗砂土工作照片

水层水上涌至黏土层,填充砂土至 1.75 m 高度后在该层上表均匀铺设一层防水塑料布充当隔水层。

　　温度传感器按照设计要求安装布设完毕并且在槽内介质填充之前固定在预定位置后开始测试。测试时首先将槽内充满水。启动热交换控制系统(热交换机组参数见表 4-9),检查温度传感器是否工作正常、槽体内温度场是否均匀,调节槽体温度至 17~18 ℃。

表 4-9　热交换机组参数

产品名称	产品型号			制冷量/制热量	总功率	电压
百福特一代机组	WLA40T/ZB29 kΩ			7.40 kW（制冷量）	3 060 W	380 V
奥克斯（AUX）	KFR-51 LW/Bp YC700(A1)a	室内机	KFR-51L/Bp YC700(A1)a	700~6 800 W（制冷量）	2 100 W	220 V
		室外机	KFR-51W/BpY(A1)a	700~8 000 W（制热量）	2 800 W	

　　在监测各温度传感器正常显示数据并在整个槽体温度均匀的前提下按照上述要求填充介质完成后,再次运行砂槽。待砂槽运行稳定达到试验温度要求并维持运行一个周期后,记录各温度点初始数据。图 4-40、图 4-41 分别是砂槽上层(1 m 高度层)和砂槽下层(1.4 m 高度层)初始时刻温度等值线图。由初始时的砂槽温度等值线(见图 4-40、图 4-41)可以看出:

　　(1)砂槽内部不同层位温度均在(18.0±0.3)℃,说明槽内温度不同点位温度均匀,符合试验基本条件。

　　（2）周边温度稍高于中心温度但温度差别很小。由于槽内热交换埋管分布于槽内四周距边界 50 cm 处,且槽体内部通过热传递方式达到温度平衡,因此槽体内部温度四周稍高于中心温度,温度基本稳定。

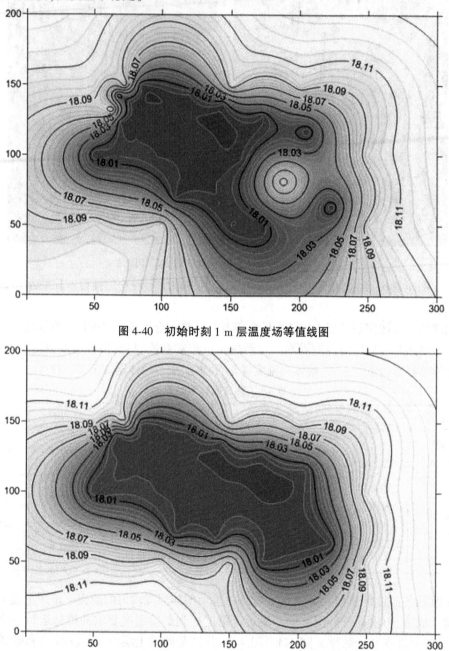

图 4-40　初始时刻 1 m 层温度场等值线图

图 4-41　初始时刻 1.4 m 层温度场等值线图

由图 4-40、图 4-41 对比可知,在槽体内距边界 50 cm 以内的中心区域温度均在 18 ℃较为稳定。

4.5　砂槽试验步骤

根据研究区水文地质条件及水源热泵实际运行状态,室内砂槽模型采用按比例缩小的物理模型进行试验。试验开始前调整各项参数使得砂槽模型尽可能模拟研究区水源热泵现实运行状况。试验过程中通过控制变量法分析抽水量、抽灌井布局、井距以及水文地质参数等因素水源热泵系统运行对地下水含水层的影响,分析不同情况下热泵系统运行时各项参数的变化,为地下水源热泵系统的抽灌井布设提供参考。开始前调整各项参数至试验标准值并运行一个周期(1.2 天),每隔 1 h 观测并记录。运行过程中记录砂槽中温度、应力场的变化,并抽取砂槽中水样品做化学分析,为以后试验过程提供参考背景值及基础数据,在完成上述过程后开始具体试验,步骤如下。

本组试验为在热突破精度为 2 ℃,设置在不同流量和不同抽灌比条件下的试验,同时记录模拟抽灌井号以便分析在不同采灌井布局条件下最佳井间距试验。

试验中设置流量分别为 Q_1、Q_2、Q_3、$\cdots$,抽灌比分别为 1∶1、1∶2、1∶3不同抽灌井距离条件下最佳井间距试验。例如:在以 2 ℃ 为热突破精度、抽灌比为 1∶1,流量为 Q_1 的条件下,以模拟抽水井温度上升或下降 2 ℃ 作为热突破判定标准,调节模拟抽灌井之间的距离,此条件下得出最佳井间距(试验记录表见表 4-10)。以此类推,得出不同情况下的最佳井间距 S_1^{2-Q1}、S_1^{2-Q2}、S_1^{2-Q3}、S_2^{2-Q1}、S_2^{2-Q2}、S_2^{2-Q2}、S_3^{2-Q1}、S_3^{2-Q2}、S_3^{2-Q2}。

其中,S 下标 1、2、3 分别代表灌水井数目,即代表 1∶1、1∶2、1∶3三种不同抽灌比;S 上标 $A-B$ 分别代表热突破精度为 A,采灌流量为 B。例如:S_1^{2-Q1} 表示在抽灌比为 1∶1、热突破精度为2、流量为 Q_1 条件下的最佳井间距。

抽灌井与建筑物最佳安全距离试验:试验拟定在添加上覆荷载(模拟建筑物)的条件下,同样设置不同热突破精度、流量、井间距、抽灌比和井布局条件下进行,其中模拟建筑物长 20 cm、宽 30 cm、高 10 cm,质量 10 kg,可依次添加 0.5 kg、1 kg、1.5 kg、$\cdots$的配重。试验过程中观测压力传感器沉降量变化,直至一个周期内无可观测的沉降出现。得出抽灌井与建筑物最佳安全距离 S_1^{2-Q1}、S_1^{2-Q2}、S_1^{2-Q3},S_2^{2-Q1}、S_2^{2-Q2}、S_2^{2-Q3},S_3^{2-Q1}、S_3^{2-Q2}、S_3^{2-Q3}。

其中,S 下标 1、2、3 分别灌水井数目,即代表 1∶1、1∶2、1∶3三种不同抽灌比;S 上标 $A-B$ 分别代表热突破精度为 A,采灌流量为 B。记录数据见表 4-11。

表 4-10　不同流量和抽灌比条件下的试验记录表格

热泵破坏精度 =　　　　抽灌比 =　　　　渗透系数 =　　　　回灌水温度 =

抽水井编号/流量　　　　　　　　　灌水井编号/流量

温度传感器布设点编号（℃）

序号	月/日/时/分	W5	W3	W1	W8	W4	W7	W10	W15	W16	W17	W18	W14	W21	W20	W24	W22	W11	W25	W26	W27	W12	W23	W19	W13	W9	W6	井间距（m）	水样编号
1																													
2																													
3																													
W2																													

表 4-11　加荷载条件下的最佳井间距试验

（热泵破精度 =　　　）　　抽灌比 =　　　渗透系数 =　　　回灌水温度 =　　　

抽水井编号/流量

灌水井编号/流量

序号	时间（年/月/日/时/分）	抽水井流量（m³/h）	灌水井流量（m³/h）	压力传感器布设点及沉降量（mm）																		井间距（m）	抽水井水位（m）	灌水井水位（m）	上覆荷载质量
				M1	M'1	M2	M'2	M3	M'3	M4	M'4	M5	M'5	M6	M'6	M7	M'7	M8	M'8	M9	M'9				
1																									
2																									
3																									
4																									
5																									
6																									
7																									
8																									

4.6　试验方案

4.6.1　改变抽灌比

　　试验拟在回灌水温恒定,仅改变地下水源热泵系统抽水量不同的情况下,模拟地下水源热泵系统抽灌井的运行情况,期间每隔一定时间记录各抽水井水位和温度变化,画出抽水量不同时的井水水位变化曲线和井水水温变化曲线,以研究不同抽水量工况下,含水层的水位变化及温度变化规律。结合 Surfer 画图软件,画出抽水井温度等值线图,以研究不同抽水量工况下,热贯通发生的时间和规律。将抽水井水温变化 0.5 ℃ 定为轻度热贯通,变化 1 ℃ 为中度热贯通,变化超过 2 ℃ 为重度热贯通。抽水量的确定以发生中度热贯通为依据,模拟时间选定为连续 120 d 的供暖期,同时假定抽水量能够实现完全回灌。

　　本节在开展砂槽试验,模拟枫林九溪地下水源热泵现场相关参数变化的基础上,应用 Surfer、AquaChem、PHREEQC 等软件模拟了不同抽水量、不同抽灌比、不同抽灌井布局、不同井距条件下的采灌过程,分析了水源热泵系统在运行过程中抽灌井之间的合理井间距、建筑物与抽灌井之间的安全距离、抽灌过程对地下水回灌水质的影响,探讨了砂槽试验过程中渗流场、温度场、化学场、应力场之间的相互关系。

　　抽灌井之间的合理井间距是影响地下水源热泵系统运行的重要因素。抽灌井之间的距离直接影响水源热泵成井数量和布局、水源热泵抽灌井占地面积、热贯通速度等。为了研究本次室内砂槽试验不同条件下的合理井间距对水源热泵抽灌系统的影响,在充分参考枫林九溪水源热泵系统实际运行参数前提下,设置室内砂槽试验中热突破精度为 2 ℃、回灌水温度为 12 ℃ 和砂槽基本稳定在 18 ℃,按照监测 1.2 d 为一个试验周期(根据现场试验经验分析并且考虑到试验时间时长限制,现场试验中监测抽灌系统达到 6 h 系统温度仍无明显差异视为无热突破,即终止试验),开展不同流量、不同抽灌比条件下的合理井间距试验,模拟冬季供暖期间,抽灌井在不同抽灌模式和不同井距的条件下,对抽灌井系统的影响。

　　所谓合理井间距即在保证采灌井之间存在水力联系,并在设定的精度下发生热突破的临界井间距。这里我们取流量 Q 为 0.16 m³/h,渗透系数为 0.45 m/h,井径为 0.018 m,降深为 0.09 m,含水层厚度为 1.8 m,代入承压水裘布依公式 $S = \dfrac{Q}{2\pi T}\ln R/r$,得 $R = 0.39$ m,即 39 cm。也就是说,在本次砂槽模型试验条件下,砂槽内采集系统在 39 cm 距离内发生精度为 2 ℃ 的热突破临界距离即为合理井间距。

　　不同抽灌流量不仅影响水源热泵的运行效率,而且对抽灌井之间的合理井间距也有很大影响。本小节设置试验抽灌比分别为 1:1、1:2、1:3,流量为 0.01 m³/h、0.02 m³/h、0.03 m³/h、…条件下进行模拟试验。不同抽灌比和不同模拟抽灌流量下的试验结果如表 4-12 所示。图 4-42～图 4-44 分别为不同抽灌比条件下合理井间距和模拟抽灌流量之间的关系图。

表 4-12 不同抽灌比不同流量下的试验结果

井间距 (cm)	1:1热突破临界流量 (m³/h)	1:2热突破临界流量 (m³/h)	1:3热突破临界流量 (m³/h)
20	0.03	0.08	0.09
25	0.05	0.12	0.15
30	0.06	0.16	0.18
35	0.08	0.18	0.24
40	0.10	0.24	0.30
45	0.14 (0.14、45)	0.26	0.32

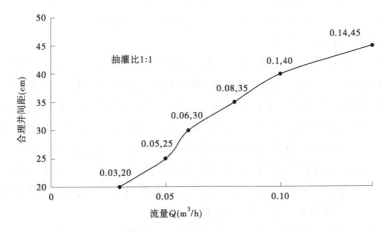

图 4-42 抽灌比 1:1条件下的合理井间距与流量关系图

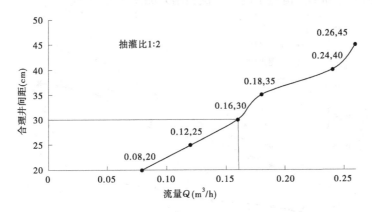

图 4-43 抽灌比 1:2条件下的合理井间距与流量关系图

由图 4-42~图 4-44 可知：

（1）在抽灌比为 1:1、1:2、1:3条件下,井间距 20 cm、25 cm、30 cm、35 cm、40 cm、45 cm 下的热突破临界流量分别为 0.03 m³/h、0.05 m³/h、0.06 m³/h、0.08 m³/h、0.10

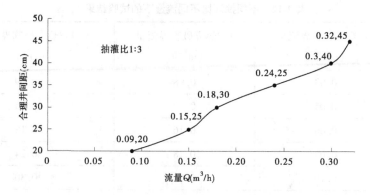

图 4-44　抽灌比 1:3 条件下的合理井间距与流量关系图

m^3/h、0.14 m^3/h、0.08 m^3/h、0.12 m^3/h、0.16 m^3/h、0.18 m^3/h、0.24 m^3/h、0.26 m^3/h、0.09 m^3/h、0.15 m^3/h、0.18 m^3/h、0.24 m^3/h、0.30 m^3/h、0.32 m^3/h，呈现合理井间距随模拟抽灌流量增加而增大的趋势。

（2）由图 4-45 可知，合理井间距 30 cm 时，模拟抽灌量为 0.16 m^3，与枫林九溪实际经验井间距 28 m 相比相差不大，验证了砂槽模型试验的可行性和可靠性。模拟参考区域枫林九溪小区资料可查，抽水流量为 70~80 m^3/h，取平均值 75 m^3/h。根据公式 $V = Q/F$ 可得实际管流流速为 0.33 m/h；试验中本砂槽设计在动力相似原则、运动相似原则理论基础上根据经验公式 $S = 2Q/\pi bVf$，按照同比换算得到在模拟抽灌流量为 0.16 m^3/h 时，安全井距为 28 cm。因此，经过换算，枫林九溪地下水源热泵实际运行过程中采灌井间距、抽灌流量、抽灌比与砂槽试验中抽灌量 0.16 m^3/h、1:2 抽灌比条件下时合理井间距为 30 cm 进行对比，验证了本次砂槽模型试验的可行性和可靠性。

水源热泵运行系统中，抽灌比不仅影响回灌率，对抽灌井设计数量也有很大影响。上述试验中不同抽灌比和不同流量下的模拟试验结果如图 4-45 所示。

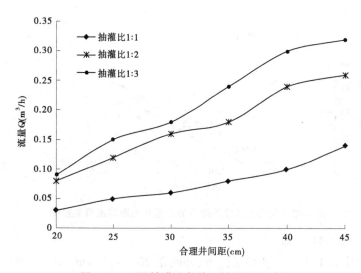

图 4-45　不同抽灌比条件下的井间距对比

通过图 4-45 可以得出结论：

（1）抽灌比一定时，合理井间距随着抽灌流量的增加而增大；同一井间距条件下，抽灌比越大，达到热突破的流量越大。这是因为抽灌流量增大时加快了热交换速度，水流冷锋面运移速度加快，温度变化影响区域加大，因而合理井间距相应增加。此外，更大的流量流通需要更多的热能交换，因此相应的合理井间距随之增大。

（2）随着抽灌比增大，相同流量下的合理井间距也在不同程度地增加，其中合理井间距在 1∶2 和 1∶3 条件下较 1∶1 条件下变化更显著。当模拟流量为 0.16 m^3/h 时，抽灌比 1∶2 和 1∶3 条件下热突破井间距分别为 30 cm、28 cm，而此时抽灌比 1∶1 条件下热突破井间距大于 45 cm，差距较大。

（3）抽灌比为 1∶1 条件下合理井间距在模拟抽灌流量变化时的响应较小。因为在此条件下抽灌井之间的水力联系加强，加速回灌井水流向抽水井的运移，因此合理井间距随模拟抽灌流量的变化较小。此外，在实际运用当中难以实现 100% 回灌，若想要达到 100% 回灌，由上述结论可知，井间距应该大于 45 cm，否则井间距过大。

（4）抽灌比 1∶2 时，在井间距 30 cm 内，模拟抽灌流量和合理井间距呈线性关系；井间距大于 30 cm 后，合理井间距随模拟抽灌流量增加的趋势减缓。

（5）对比抽灌比 1∶2 和 1∶3 条件下的试验可知：在抽灌井距离为 20 cm 时，模拟抽灌流量分别为 0.08 m^3/h 和 0.09 m^3/h，随着模拟抽灌流量增大，相应合理井间距也在增加，而且增加幅度基本一致。

（6）在模拟抽灌流量一定时，抽灌比 1∶1、1∶2、1∶3 条件下最优安全距离依次增加，由此可以得出：在一定抽灌流量条件下，抽灌比和合理井间距成反比关系。这是因为在同一流量条件下，抽灌比越小意味着回灌井数量越少，在这种条件下回灌水径流条件变差，抽水井和回灌井之间的水力联系速度加快，强度也相应增强，因此合理井间距增大。

综上所述，合理井间距随抽灌比和模拟抽灌流量的增加而增加；抽灌比为 1∶1 条件下合理井间距在模拟抽灌流量变化时的响应较小；对比抽灌比 1∶2 和 1∶3 的试验发现，随着模拟抽灌流量增大相应合理井间距也在增加，但增加幅度基本一致。

4.6.2　改变抽灌井温差

试验拟在改变抽灌水温差的情况下，模拟地下水源热泵系统抽灌井的运行情况，期间每隔一定时间取水样记录抽水井温度变化，并提取水样进行化学分析，运用 PHREEQC 或 FEFLOW 软件模拟不同温度差情况下温度场和热贯通冷锋面的移动速率和化学场的变化。

水文地球化学方法是专门研究地下水化学成分的形成、分布、迁移及其演化规律的最常用手段。在水源热泵运行过程中，随着抽灌过程中地下水的迁移、温度的变化，在与环境介质（潜水、含水介质、管道等）发生相互作用的过程中，形成了其特有的水化学特征、元素组成及其分布规律，同时在某种程度上记载着地下水与环境介质发生的水文地球化学作用。通过分析模拟抽灌过程中各个时期的水化学类型、矿物沉淀溶解规律，明确是否存在导致地下水组分演化的岩盐、石膏、碳酸盐及硅酸盐类等矿物的溶滤作用、阳离子交替吸附作用及混合作用对地下水水质引起的变化和破坏。

本次砂槽试验研究按照时间顺序共采集与试验用水相关的水样 5 批。分别为模拟区枫林九溪水源热泵抽灌井水样、试验场桃园水文站地下水水样、砂槽试验运行前中后 3 个阶段的水样共 5 组。采样时使用 500 mL 的硬质棕色玻璃瓶,取样前,先用蒸馏水清洗采样瓶,取样时再以所采水样润洗 3 次。水样均充满整个采样瓶,严格防止瓶中产生气泡,并用石蜡进行密封。测试结果见表 4-13。

表 4-13　研究区水样点的水化学数据　　　　　　（单位:mg/L）

编号	样点名称	pH	TDS	色度	总硬度	Na^+	Ca^{2+}	Mg^{2+}	Cl^-
B182	枫林九溪(原水)	7.93	362	<5.0	180	23.2	54.1	10.9	14.2
B183	砂槽试验前期水样	7.98	920	8.0	235	167	46.1	29.2	78.0
B243	砂槽试验中期水样	8.35	838	<5.0	235	156	50.1	26.7	78.0
B215	试验场地下水水样	7.90	1 671	10	465	312	50.1	82.6	184
B273	砂槽试验后期水样	8.15	893	<5.0	225	167	46.1	26.7	81.5

编号	样点名称	Al^{3+}	CO_3^{2-}	NO_3^-	NO_2^-	HPO_4^{2-}	SO_4^{2-}	HCO_3^-	NH_4^+	Fe^{3+}/Fe^{2+}
B182	枫林九溪(原水)	<0.02	0	<2.50	<0.003	0.17	28.8	220	0.040	0.097
B183	砂槽试验前期水样	<0.02	0	6.37	0.058	<0.10	221	311	0.060	0.390
B243	砂槽试验中期水样	<0.02	0	<2.50	0.012	<0.10	211	299	<0.03	0.083
B215	试验场地下水水样	<0.02	0	<2.50	<0.003	<0.10	437	525	0.040	0.17
B273	砂槽试验后期水样	<0.02	0	<2.50	0.020	<0.10	216	305	0.040	0.25

本小节利用 AquaChem 水化学分析软件中的 Piper 和 Schoeller 指纹图对所测试水样进行分类。其中 Piper 三线图是进行水化学分类最常用的方法,而 Schoeller 指纹图可更加直观地反映不同类型水中阴阳离子的分布状况。根据测试结果,研究区所有水样点的水化学特征 Piper 三线图如图 4-46 所示,Schoeller 指纹图如图 4-47 所示。

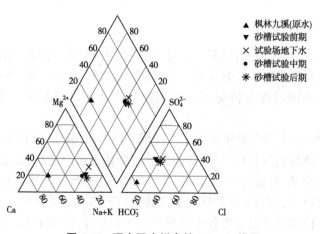

图 4-46　研究区水样点的 Piper 三线图

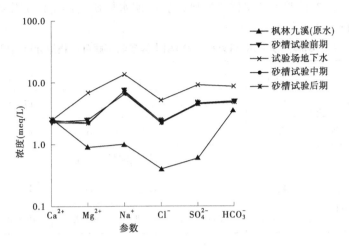

图 4-47 研究区水样点的 Schoeller 指纹图

枫林九溪水源热泵原水水化学类型为 $HCO_3-Ca \cdot Na$ 型,pH 为 7.93;砂槽试验场地下水水化学类型为 $HCO_3 \cdot SO_4-Ca \cdot Mg$ 型,pH 为 7.90;砂槽试验前期水化学类型为 $HCO_3 \cdot SO_4-Na \cdot Mg$ 型,pH 为 7.98;砂槽试验中期和后期水化学类型均为 $HCO_3 \cdot SO_4-Na \cdot Ca$ 型,pH 分别为 8.35、8.15。枫林九溪水源热泵原水、砂槽试验场地下水、砂槽试验前期和中期、后期水样中溶解性总固体(TDS)分别为 362 mg/L、1 671 mg/L、920 mg/L、838 mg/L、893 mg/L。

结合四种水样的 Schoeller 指纹图可知,枫林九溪水源热泵原水中主要阴、阳离子含量的大小顺序分别为 $Ca^{2+}>Na^+>Mg^{2+}$,$HCO_3^->SO_4^{2-}>Cl^-$。砂槽试验场地下水中主要阴、阳离子含量的大小顺序为 $Na^+>Mg^{2+}>Ca^{2+}$,$SO_4^{2-}>HCO_3^->Cl^-$。而砂槽试验前期与砂槽试验中、后期的水样中主要阳离子含量的大小顺序为 $Na^+>Mg^{2+}>Ca^{2+}$,阴离子含量的大小顺序均为 $HCO_3^->SO_4^{2-}>Cl^-$。

对比枫林九溪水源热泵原水与试验场地下水、砂槽试验不同时期的水样对比可知,五种水体在溶解性总固体(TDS)含量、水化学类型、主要离子含量等方面均有较大差距;原水水样的阴离子含量以 HCO_3^- 为主,TDS 含量与砂槽试验场地下水相比较低,而砂槽试验场地下水中阴离子以 SO_4^{2-} 为主,表明两种地下水的赋存环境和径流环境有着明显的区别。砂槽试验前期、中期和后期的水化学类型相似,但是各种离子含量也略有变化,说明在试验模拟抽灌过程中,可能由于温度的变化引起了部分离子之间的化学反应,从而造成了部分成分的溶解沉淀。

上述小节从水化学类型角度初步分析了枫林九溪水源热泵原水与试验场地下水、砂槽试验中的水样之间的差异。为了更加深刻地揭示在此过程中发生的变化,本小节将依据质量守恒定律和各个阶段水化学组分差异并结合 PHREEQC 软件,运用水文地球化学反应路径模拟的方法,对砂槽试验中模拟抽灌过程中地下水水质变化以及各种矿物溶解沉淀过程进行模拟,确定在采灌过程中可能发生的矿物溶解沉淀过程。

在软件模拟过程中首先要确定含水介质岩性和化学成分等。试验过程中填充介质优先考虑长石、方解石、石英和黏土矿物等成分。运用 PHREEQC 软件对枫林九溪原水与砂槽试验前期水样、砂槽试验前期水样与砂槽试验中期水样矿物溶解沉淀模拟计算结果见表 4-14 和表 4-15。

表 4-14　枫林九溪原水与砂槽试验前期水样矿物溶解沉淀模拟计算结果

水样	$SI_{文石}$	$SI_{菱铁矿}$	$SI_{石膏}$	$SI_{岩盐}$	$SI_{赤铁矿}$	$SI_{白云石}$
枫林九溪(原水)	0.29	−1.58	−2.18	−8.03	17.75	0.44
砂槽试验前期水样	0.3	−0.94	−1.54	−6.47	18.96	0.95
模拟路径	溶解沉淀量(mmol)					
枫林九溪(原水)-砂槽试验前期水样	$\Delta_{文石}$	$\Delta_{菱铁矿}$	$\Delta_{石膏}$	$\Delta_{岩盐}$	$\Delta_{赤铁矿}$	$\Delta_{白云石}$
	13.890	−104.2	−13.90	0.002	48.650	0.003

表 4-15　砂槽试验前期水样与砂槽试验中期水样矿物溶解沉淀模拟计算结果

水样	$SI_{文石}$	$SI_{菱铁矿}$	$SI_{石膏}$	$SI_{岩盐}$	$SI_{赤铁矿}$	$SI_{白云石}$
砂槽试验前期水样	0.30	−0.94	−1.54	−6.47	18.96	0.95
砂槽试验中期水样	0.69	−2.36	−1.53	−6.50	17.63	1.65
模拟路径	溶解沉淀量(mmol)					
砂槽试验前期水样-砂槽试验中期水样	$\Delta_{文石}$	$\Delta_{菱铁矿}$	$\Delta_{石膏}$	$\Delta_{岩盐}$	$\Delta_{赤铁矿}$	$\Delta_{白云石}$
	0.307 1	−0.000 3	−0.104 3	−0.000 1	−0.002 6	−0.103 0

　　由表 4-14 可知,从枫林九溪原水到砂槽试验前期,水样中菱铁矿和石膏发生了沉淀作用,每千克水样沉淀量分别为 104.2 mmol、13.9 mmol;而发生溶解作用的矿物有文石、岩盐、赤铁矿、白云石,每千克水样溶解量分别为 13.890 mmol、0.002 mmol、48.650 mmol、0.003 mmol。其中,菱铁矿和硫酸盐类矿物发生了沉淀作用,菱铁矿的沉淀作用最为强烈,其次是赤铁矿的溶解和文石的溶解作用,岩盐和白云石的溶解作用较弱。

　　由表 4-15 可知,经过一段时间的模拟试验后,菱铁矿、石膏、岩盐、赤铁矿、白云石发生了沉淀作用,每千克水样沉淀量分别为 0.000 3 mmol、0.104 3 mmol、0.000 1 mmol、0.002 6 mmol、0.103 0 mmol;而文石在此期间发生了溶解作用,溶解量为每千克 0.307 1 mmol。

　　由表 4-16 可知,经过一段时间的模拟试验后,大部分矿物都发生了溶解作用,发生溶解的矿物名称分别为文石、菱铁矿、岩盐、赤铁矿、白云石,每千克水样溶解量分别为 0.011 37 mmol、0.000 1 mmol、0.988 4 mmol、0.001 47 mmol、0.000 05 mmol;石膏在此期间发生了沉淀作用,沉淀量为每千克 0.111 3 mmol。

表 4-16　砂槽试验中期水样与砂槽试验后期水样矿物溶解沉淀模拟计算结果

水样	$SI_{文石}$	$SI_{菱铁矿}$	$SI_{石膏}$	$SI_{岩盐}$	$SI_{赤铁矿}$	$SI_{白云石}$
砂槽试验中期水样	0.69	−2.36	−1.53	−6.50	17.63	1.65
砂槽试验后期水样	0.46	−1.46	−1.53	−1.55	18.60	1.24
模拟路径	溶解沉淀量(mmol)					
砂槽试验中期水样– 砂槽试验后期水样	$\Delta_{文石}$ 0.011 37	$\Delta_{菱铁矿}$ 0.000 1	$\Delta_{石膏}$ −0.111 3	$\Delta_{岩盐}$ 0.988 4	$\Delta_{赤铁矿}$ 0.001 47	$\Delta_{白云石}$ 0.000 05

在地下水中,各种矿物和水组成的溶液根据矿物和水溶液达到的相对的饱和和非饱和状态会发生沉淀和溶解过程,对于这一过程我们通常用饱和指数(SI)来衡量。当矿物在水中未达到饱和,即未达到沉淀条件时,用 $SI<0$ 表示;当矿物在水中处于过饱和状态,即达到沉淀条件时,用 $SI>0$ 表示;当矿物与水达到一个相对平衡的状态时,即矿物既不沉淀,也不溶解时,用 $SI=0$ 表示。

本小节利用 PHREEQC 软件结合试验中水样分析结果,计算出不同矿物在模拟温度下的饱和指数 SI,模拟结果如图 4-48 所示。

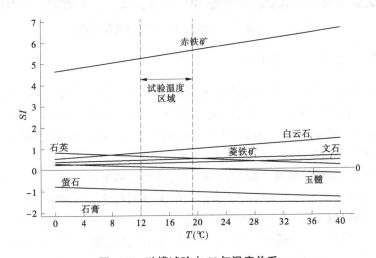

图 4-48　砂槽试验中 SI 与温度关系

由图 4-48 可知:

(1)在试验温度 12~18 ℃,赤铁矿、白云石、菱铁矿、文石的饱和指数始终大于 0;萤石和石膏的饱和指数始终小于 0;玉髓的饱和指数由大于 0 降低至 0。

(2)赤铁矿、白云石、文石的饱和指数随温度升高也上升,且赤铁矿的变化趋势比白云石、文石变化趋势明显,说明在温度升高过程中,上述三种矿物有发生沉淀的趋势,且赤铁矿沉淀较为明显。

(3)菱铁矿、玉髓、石英、萤石、石膏的饱和指数随温度升高,也有降低的趋势,且变化均不大。菱铁矿、石英在模拟温度区间均处于饱和状态;玉髓随温度升高由饱和状态变为平衡状态;萤石和石膏随温度升高有少量沉淀,因此饱和指数有减小的趋势。

　　综上所述,结合水化学检测结果、水化学反应路径模拟和多矿物平衡法分析可知:在砂槽模拟抽灌过程中,受温度及采灌系统材质的影响、水岩反应的影响发生沉淀的主要成分是以赤铁矿、菱铁矿为主的含铁类矿物,其次受温和水岩反应影响发生少量沉淀的是以白云石为主的碳酸盐类矿物,在温度变化过程中几乎不发生沉淀的是以石膏、硬石膏为主的硫酸盐类矿物,温度变化过程中会发生微量溶解的是以玉髓和石英为主的铝硅酸盐类矿物。试验过程中铁类矿物发生沉淀局部照片见图 4-49。总体而言,在温度变化过程中沉淀量大于溶解量。在地下水源热泵运行过程中,随着运行周期的循环和温度的交替变化,含水介质的水岩作用会进一步加强,积累更多造成地下水源热泵回灌受阻的沉淀物。

图 4-49　试验过程中铁类矿物发生沉淀局部照片

4.6.3　改变抽灌井布局及井间距

　　本试验拟采用 2~3 对采灌井并设计不同抽灌方式,如 1 抽 1 灌、1 抽 2 灌、1 抽 3 灌等,同时设置不同抽灌井布局,如直线型布局、扇形布局、三角形布局等。每次试验在改变一个变量的条件下间隔一定时间抽取水样进行化学分析并且观察和记录在不同条件下对含水层水温、水位及水质的变化。

　　地下水源热泵系统抽灌井之间的合理布局,是水源热泵空调系统设计中最重要的环节之一,也是影响地下水源热泵能否长期运行的关键因素之一。在实际运用中抽灌井之间的布局通常可以划分为"线形分布"、"三角分布"或"L 分布"、"扇形分布"等。本小节选取试验一组具有代表性抽灌比为 1:2 的"线形分布"、"三角分布"和抽灌比为 1:3 条件下的"扇形分布"试验在不同井距条件下的模拟试验,利用 Surfer 画图软件描绘抽灌过程中水位和温度的变化过程分析不同布局下的模拟抽灌过程。

　　为了更加直观、清晰地表示上述几种不同抽灌井布局,根据砂槽试验尺寸、结合已设计的模拟抽灌井的井间布局,首先对上述"线形分布"(包括线形同侧布局和线形异侧布局)、"三角分布"或"L 分布"、"扇形分布"进行阐述,这三种常见的抽灌井布局方案平面示意图如图 4-50 所示。

　　本小节将上述线形异侧布局、线形同侧布局、三角布局模拟井间距为 20 cm、25 cm、30 cm、35 cm,抽灌比为 1:2;由于受试验中抽灌井布设限制,扇形布局模拟井间距为 20 cm、25 cm、30 cm,抽灌比为 1:3;模拟抽灌量均为 0.15 m³/h 条件下做具体分析。根据在以上不同条件下试验稳定后的数据,绘制不同条件下的温度等值线图如图 4-51 ~ 图 4-54

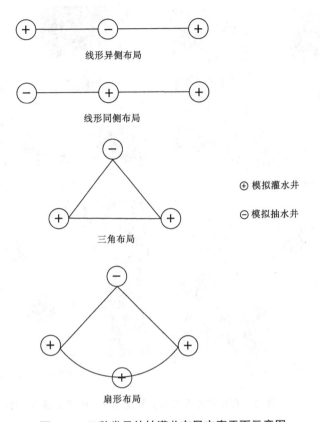

图 4-50　三种常见的抽灌井布局方案平面示意图

所示。在精度、流量、抽灌比相同的条件下,仅改变抽灌井的布局方式,通过稳定后抽水井的温度来判断热贯通的难易程度。在精度范围(2 ℃)内,稳定后抽水井的温度与初始时的温度差越大,则越容易发生热突破。

由图 4-51 可以看出以下几点规律:

(1)不同井间距下的温度等值线图可以看出:中间抽水井温度高于两侧回灌水井温度,温度等值线基本呈现出平面对称的特点。

(2)随着模拟井距的增加,抽水井附近的温度逐渐上升,回灌井周围的低温区域也逐渐减小。这说明随着抽灌井距的增加,抽灌过程对地下水温度的影响逐渐减小。

(3)井距离较小时,两个回灌井的冷锋面对抽井影响较大,但随着模拟井距的增加两个回灌井对抽井冷锋面的影响越来越弱,模拟抽灌井呈现出各自的椭圆形温度等值线规律,热贯通现象越来越弱。

(4)稳定时抽水井温度为 17.3 ℃,与初始时的温度差为 0.7 ℃。

由图 4-52 可以看出:

(1)不同井距下都基本呈现抽水井温度较灌水井稍高,临近抽水井的灌井温度最低,其次是远离抽井的灌井温度次之的规律。原因是抽水的结果使得灌水井水流向抽水井附近流动,低温水流在邻近灌水井的周围得到叠加作用。

(2)随着模拟抽灌距离的增加,灌水井低温区域减小,热贯通可能性降低,但抽水井

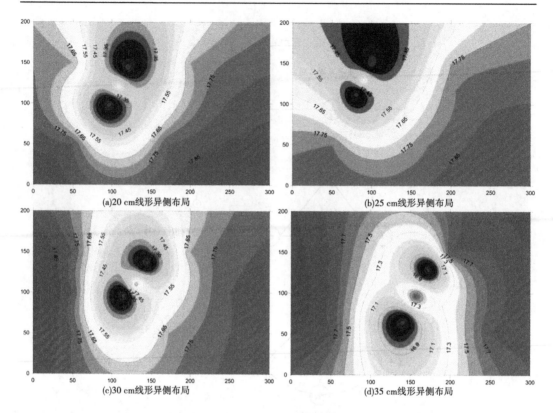

图 4-51　线形异侧布局不同模拟井间距条件下的温度等值线图

附近温度变化不显著。

(3)稳定时抽水井温度为 16.9 ℃,与初始时的温度差为 1.1 ℃。

由图 4-53 可以看出:

(1)不同模拟抽灌井距下都呈现出抽水井温度高于两侧灌井温度,受冷锋面叠加影响,抽井温度都不同程度地受到影响而降低。

(2)随着模拟井距增加,抽灌井附近温度升高,抽水井受灌水井冷锋面的影响越来越小。热贯通现象也越来越弱。

(3)距离较近时,两个灌水井温度场相互叠加影响,温度场等值线图成一个长椭圆形。随着模拟井距的增加,两个灌井之间的相互影响也越来越小,最终形成各自椭圆形的温度场。

(4)稳定时抽水井温度为 17.0 ℃,与初始时的温度差为 1.0 ℃。

由图 4-54 可以看出:

(1)抽水井局部温度高于灌水井附近温度,受灌井冷锋面叠加影响,三个灌井之间形成一个温度相对较低的低温区域。

(2)随着模拟抽灌井距的增加,抽水井受三口灌井冷锋面的影响减小,但是热贯通现象仍然存在。

(3)稳定时抽水井温度为 16.8 ℃,与初始时的温度差为 1.2 ℃。

综上所述,对比图 4-51~图 4-54,不同采灌井布局条件下的温度等值线图可以发现:

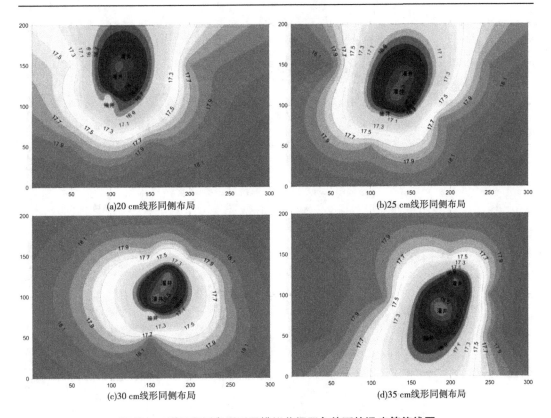

(a)20 cm线形同侧布局　　　　　　　　　　(b)25 cm线形同侧布局

(c)30 cm线形同侧布局　　　　　　　　　　(d)35 cm线形同侧布局

图 4-52　线形同侧布局不同模拟井间距条件下的温度等值线图

（1）在距离较近时，抽井与灌井或灌井与灌井之间都会受冷锋面运移作用而相互叠加影响，使得灌井附近形成一个低温区域从而使抽井温度降低。

（2）通过比较上述几种抽灌布局下的温度差可以得出，抽灌井在"直线同侧布局"和"扇形布局"条件下热贯通现象比在"直线异侧布局"和"三角布局"条件下热贯通更加显著。简言之，说明在同等条件下，"直线异侧布局"和"三角布局"较"直线同侧布局"和"扇形布局"更不容易发生热突破。

抽灌井与建筑物之间的安全距离是影响水源热泵抽灌井群布局、占地面积和水源热泵系统运行的重要因素之一，更涉及地面沉降、建筑群的安全问题。因此，在此次砂槽试验中，为了研究模拟建筑物上覆荷载与抽灌井安全距离之间的关系，开展了抽灌比为1:2，抽灌流量为 0.16 m³/h，采灌井布局为"直线异侧布局"型条件下抽灌井与模拟建筑物之间不同距离和不同上覆荷载条件下的试验，模拟冬季供暖条件下水源热泵的运行。试验中同时监测温度和沉降变化，在保证温度在 2 ℃精度的热突破范围内，监测沉降在一个周期内小于等于 0.01 mm 视为该条件下模拟建筑物与抽灌井之间的安全距离。根据现场试验，绘制模拟建筑物与抽灌井之间的距离和上覆荷载之间的关系图，如 4-55 所示。

由图 4-55 可知：

（1）随着上覆荷载质量的增加，模拟建筑物与抽灌井之间的安全距离也会增加。

（2）在上覆荷载在 10 kg 之内，模拟建筑物与抽灌井之间的安全距离变化趋势较急；在上覆荷载大于 10 kg 时，抽灌井之间的安全距离随上覆荷载质量增加而增大，但是变化

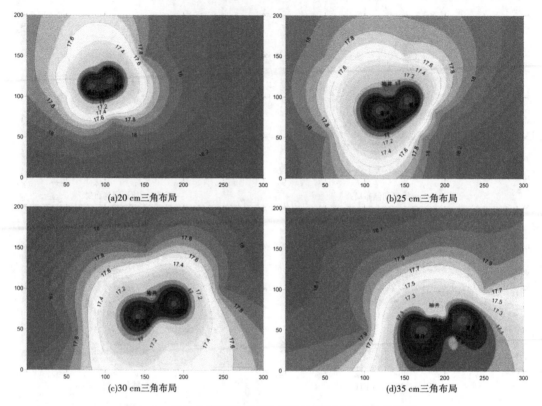

图 4-53　三角布局不同模拟井间距条件下的温度等值线图

趋势减缓。

根据《建筑结构荷载规范》(GB 50009—2012),单层楼面均布荷载标准值:住宅 2.0 kN/m²、商铺 3.5 kN/m²、百货食品超市 5.0 kN/m²。《地源热泵系统工程技术规范》(GB 50366—2005)中要求:取水井和回灌井距建筑物的外缘线不小于 5 m,回灌井数量是抽水井数量的 2~3 倍。据计算,砂槽试验中模拟建筑物平均荷载值为 175.4 kg/m²,枫林九溪小区投入使用的地下水源热泵主要供给三层小别墅和商铺两种类型。以一栋 3 层的住宅楼为例,按照上述试验推算建筑物与抽灌井之间的安全距离约为 17.6 m,砂槽试验结果得出的趋势图是根据现场的荷载进行换算的,现场所用荷载模具为直径 8.5 cm 的圆柱体,换算出单位面积即 175.4 kg/m²,将此数据换算成 3 层,再按照 100 倍比例进行缩放,最终得出 5.26 kg/m²,代入公式得建筑物与抽灌井群的安全距离为 17.6 cm,即为试验条件下的安全距离,相当于实际的 17.6 m。该结果符合《管井技术规范》(GB 50296—2014)中的热源管井与建筑物的距离不小于 10 m 的标准。

采灌系统与建筑物的合理间距 17.6 m 是在渗透系数为 10.9 m/d、采灌系统为 1 抽 2 灌、单井出水量为 70~80 cm³/h 的前提下得出的具体结果,模拟的是灞河右岸的情况,在此试验条件下,根据图 4-55 可知,当建筑物的楼层为 2~6 的低层建筑物时,采灌系统与建筑物的合理间距范围为 8.4~33.3 m,此结果可作为西安城区东北部、西安浐灞区及西安的河漫滩地区建筑物与采灌系统合理距离的参考。

地下水源热泵运行过程中会引起抽灌井之间的水力联系加强、地下水温度发生变化,

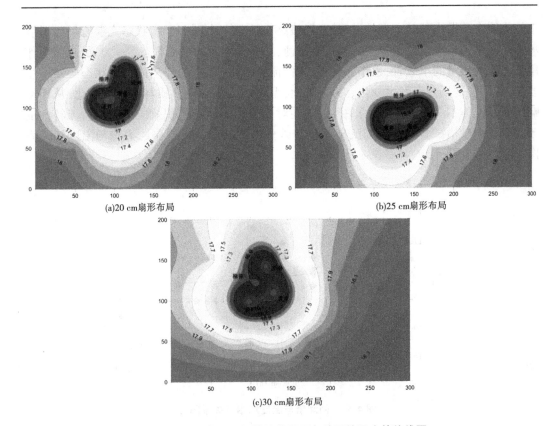

(a)20 cm扇形布局

(b)25 cm扇形布局

(c)30 cm扇形布局

图 4-54 扇形布局不同模拟井间距条件下的温度等值线图

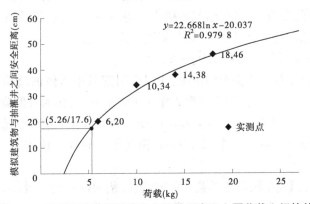

图 4-55 模拟建筑物与抽灌井之间的距离和上覆荷载之间的关系

从而引起化学反应和沉降等一系列变化过程。为了探索在这些过程变化过程中与之紧密相关的渗流场、温度场、化学场和应力场之间的相互关系,本次砂槽试验过程中以模拟抽灌流量为自变量,详细记录了在模拟抽灌流量变化过程中槽体温度、沉降量随时间的变化,并在试验开始和结束前两个时间段进行了水化学样品测试。以下对渗流场、温度场、应力场和化学场之间关系描述如下:

(1)砂槽模型渗流场与温度场相互关系。

渗流场与温度场是相互作用、相互影响的。二者的相互作用过程实际上就是热能与水的势能在砂槽内部动态调整过程,两场最终会达到一个动态平衡状态。渗流场与温度场中任何一因素发生改变都会打破这个平衡,从而建立新的平衡状态。一方面,在渗流作用下水作为热量的承载者,也作为其传递者,流速发生改变,局部热能平衡状态必然发生改变,从而温度场分布发生变化。另一方面,温度的变化导致介质与水温的变化,从而影响介质和流体本身的理化特性,主要表现在对介质和流体的体积效应及流体渗流特性的改变。根据砂槽试验中渗流场流量变化与砂槽内部温度数据绘制回灌量与温度场关系图,如图 4-56 所示。

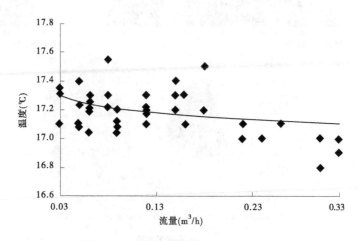

图 4-56　回灌量与温度场相互关系图

由图 4-56 可知,在渗流场流量变化情况下,由于渗透流量的改变使得渗流流速发生改变,热交换速度也随之改变,进而引起砂槽内部温度的变化;在渗流流量增加的过程中砂槽内部温度有降低的趋势,说明渗流场与温度场成反比关系。

(2)砂槽模型渗流场与应力场相互关系。

在含水介质中由于存在水头差的情况,所以会引起其中水体的流动,在渗流过程中,产生渗流的水动力,它以渗透体积力的形式作用于含水介质,作为外部荷载的渗透力的作用,会使含水介质应力场发生变化,应力场的改变造成含水介质位移场随之变化。所以说含水介质的渗流场与应力场是一个相互影响、相互作用的有机整体,二者存在着耦合作用。

由图 4-57 可知,试验中随着渗透流量的改变,砂槽内部不同深度都有不同沉降变化;靠近砂槽上表面 15 cm 层位,在随着流量增加过程中沉降量从 0.01 mm 增加到 0.09 mm,埋藏愈深,沉降量变化愈小,靠近砂槽上表面 45 cm 层位在随着流量增加过程中沉降量从 0 mm 增加到 0.01 mm。

(3)砂槽模型渗流场与化学场相互关系。

在砂槽试验中,渗流场与化学场之间的关系属于间接关系,主要是通过渗流场的改变,渗流场通过流量变化影响地下含水介质及水温变化,而温度的变化会引起一系列的化学反应并且会影响到矿物的溶解沉淀。在地下水源热泵运行过程中,由于受地下水温度影响,水源热泵采灌系统运行对含水层水质造成影响,由于温度变化,地下水中离子组成

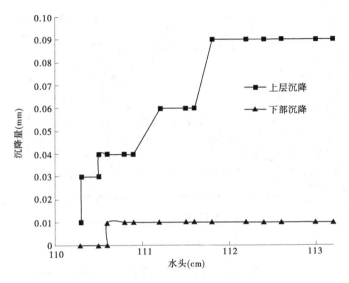

图 4-57　水头值与应力场相互关系图

成分会发生变化,组成含水层的主要矿物质文石、菱铁矿、岩盐、赤铁矿、白云石、石膏等物质会发生不同程度的沉淀溶解。

(4)砂槽模型温度场与化学场相互关系。

在砂槽试验中,温度场变化直接影响到化学场变化,温度场直接作用于地下水及含水介质,加速或者减缓、改变地下水赋存温度环境进而影响到化学变化过程。温度与矿物沉淀溶解规律见图 4-48。

(5)砂槽模型温度场与应力场相互关系。

当地下水源热泵系统运行时抽灌过程会引起温度场发生变化,变化的温度场使得注入抽灌井附近围岩温度上升或下降,围岩发生膨胀或者收缩变形,引起岩体应力上升,从而造成含水层的膨胀或压缩。

(6)渗流场、温度场、化学场、应力场之间的相互关系。

为了更清晰地阐述渗流场、温度场、化学场、应力场之间的相互关系,分析地下水源热泵系统运行时的四场变化,对渗流场、温度场、化学场、应力场关系描述如图 4-58 所示。

由图 4-58 可知:

(1)渗流场流量变化会引起砂槽温度场变化。当渗流场模拟抽灌量增大时,槽体内温度降低,反之亦然。渗流场水头与温度场关系不大。

(2)应力场在渗流场水头及流量变化下响应较小。砂槽模拟试验中砂槽上层和下部压力传感器均有沉降出现,且上层变化比下部变化显著,但总体变化幅度不大,均在 0.01~0.09 mm 范围内。

(3)渗流场流量变化会引起温度场变化从而影响化学场变化,而渗流场水头变化影响较小。随着回灌过程、模拟抽灌流量的增加或者减小砂槽内部温度发生变化,从而引起一系列化学反应,造成含水介质中部分矿物的沉淀和溶解。由本章地下水源热泵采灌系统运行对含水层水质的影响小节可知,在地下水源热泵运行过程中,温度变化过程引起的

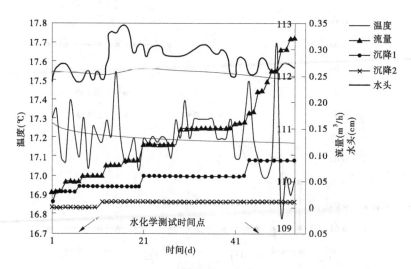

图 4-58　渗流场、温度场、化学场、应力场之间的相互关系

沉淀量大于溶解量。在地下水源热泵运行过程中,随着运行周期的循环和温度的交替变化,含水介质的水岩作用会进一步加强,积累更多造成地下水源热泵回灌受阻的沉淀物出现。

综上所述,室内砂槽模拟试验过程中渗流场流量与温度场、渗流场流量与应力场、温度场与化学场之间相互耦合作用明显,分别呈负相关、正相关、正相关关系,渗流场水头与温度场、应力场、化学场关系不大。

4.7　试验结果分析

本研究以西安市灞桥枫林九溪小区为例,结合前期收集的资料及相关调研初步建立了反映枫林九溪水源热泵实际情况的抽灌井系统渗流场、温度场、化学场、应力场的室内砂槽模型,开展了西安市地下水源热泵砂槽试验研究,并结合软件模拟,对水源热泵系统运行时不同抽水量、抽灌井布局、井距、水温因素情况下地下水源热泵系统对含水层的影响以及抽灌井之间的合理井间距、建筑物与抽灌井之间的安全距离进行了研究,得出以下结论:

(1)基于相似性原理,设计并构建了室内砂槽模型,较为真实地模拟了枫林九溪小区地下水源热泵运行过程,获得了大量的水位、温度、压力、流量、水化学组分等监测数据。

(2)试验得出了地下水源热泵抽灌井之间的合理井间距、建筑物与抽灌系统之间的安全距离及其与抽水量、抽灌比、水文地质参数、上覆荷载等的相互关系,分析了地下水源热泵回灌受阻的因素与沉淀物的化学组分。

(3)研究了不同的采灌井布局模式,认为同等条件下"直线异侧布局"和"三角布局"较"直线同侧布局"和"扇形布局"更不容易发生热突破。

(4)砂槽试验中的模拟安全距离 30 m 与流量、抽灌比、渗透系数同等条件下枫林九溪地下水源热泵实际运行中的抽灌井距经验值 28 m 基本一致,验证了本次砂槽模型试验的可行性和可靠性。

（5）在试验期内,砂槽采灌系统水化学成分变化不大。由水化学反应路径模拟和多矿物平衡分析法可知,受温度及采灌系统材质、水岩反应的影响,发生沉淀的主要成分是以赤铁矿、菱铁矿为主的含铁类矿物。在地下水源热泵运行过程中,随着运行周期的循环和温度的交替变化,含水介质的水岩作用会进一步加强,其沉淀物质可能是地下水源热泵回灌受阻的重要因素之一。

（6）试验结果表明,在渗透系数为 10.9 m/d、采灌系统为 1 抽 2 灌、单井出水量为 70~80 cm³/h 的前提下,3 层住宅楼与抽灌井之间的安全距离约为 17.6 m,该模拟结果既符合《地源热泵系统工程技术规范》（GB 50366—2005）中取水井和回灌井距建筑物的外缘线不小于 5 m,回灌井数量是抽水井数量的 2~3 倍的要求,又与枫林九溪建筑物与采灌系统 15~20 m 的实际经验值相符。当建筑物的楼层为 2~6 层的低层建筑物时,采灌系统与建筑物的合理间距范围为 8.4~33.3 m,此结果可作为西安城区东北部、西安浐灞区及西安的河漫滩地区建筑物与采灌系统合理距离的参考。

第 5 章　数学模型

5.1　基本理论及耦合方法

5.1.1　耦合原理

温度的变化、含水层渗透性的改变、岩土体结构的改变、化学反应分别是引起温度场、渗流场、应力场、化学场变化或改变的主要原因。四场耦合是一个动态过程，构成一个往复循环，一场的变化引起另一场的变化，而另一场的变化又反过来影响前一场的变化，不断相互影响。耦合有单向耦合和双向耦合，单向耦合即一个物理场对另一物理场有影响，而另一物理场并未对前一物理场有影响。双向耦合即两个物理场相互之间都有影响。基于研究实际条件，本次 THCM 模型构建考虑的四场耦合机制见图 5-1。

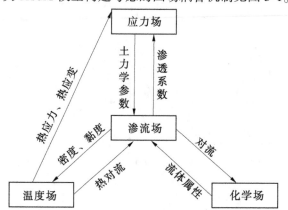

图 5-1　本次 THCM 模型考虑的四场耦合机制

模型主要考虑不同场之间耦合过程大致说明如下：

(1)流场与温度场耦合：抽灌水引起含水层水位变化，而温度场以流场为载体，对流过程的加强会产生新的热对流，即温度场改变。温度场变化导致流体性质改变(密度、黏滞度)，流场会因流体性质变化而改变。

(2)流场和化学场耦合：抽灌水引起含水层水位变化，对流过程加强导致溶质的浓度和分布发生变化，即化学场因流场发生改变。化学场改变即流体的属性(渗透性、黏滞性)改变，流体的属性变化会使流场改变，流场受到化学场的影响。

(3)流场与应力场耦合：抽水使得含水层孔隙水压力降低，土体会固结变形，此时土体压密，其孔隙度减小，渗透系数减小。这些土力学及水力学参数均随土体的固结变形而发生变化。

(4)温度场与应力场耦合：多孔介质热物性、热应力及应变与温度有关，流体温度改变时多孔介质的上述性质会受到影响即应力场发生变化。

5.1.2　各场耦合控制方程

　　根据四场耦合模型之间的相互作用过程机制,分别基于渗流场、化学场、温度场和应力场方程,结合文献研究基础及调研分析,确定模型边界条件,构建耦合模型。

　　经过比选,模拟软件 FEFLOW、HST3D、TOUGH、MODFLOW 结合 MT3D/RT3D 等都只能进行两场、三场的耦合计算,而 COMSOL Multiphysics 是基于偏微分方程设计专业有限元数值分析包,只要是一个可以用偏微分方程形式数学模型描述的问题,几乎都可以采用 COMSOL Multiphysics 求解。该软件的建模求解功能基于一般偏微分方程的有限元求解,所以可以连接并求解任意多物理场的耦合问题。结合软件具有强大的后处理功能,使其在机械制造、石油开采等诸多领域应用广泛。因此,本次研究最终选择采用 COMSOL Multiphysics 软件,构建能反映西安地下水源热泵系统特征的 THCM(渗流场、温度场、化学场、应力场)耦合模型。各场采用的控制方程如下:

5.1.2.1　渗流场控制方程

　　地下水达西流控制方程如下:

$$\begin{cases} \dfrac{\partial}{\partial t}(\varepsilon_p \rho) + \nabla \cdot (\rho u) = Q_m \\[2mm] \dfrac{\partial}{\partial t}(\varepsilon_p \rho) = \rho S \dfrac{\partial}{\partial t}p \\[2mm] u = -\dfrac{k}{\mu}\nabla H \end{cases}$$

式中　ρ——流体的密度,与流体的温度(T)和浓度(c)相关;

　　　ε_p——孔隙度;

　　　k——多孔介质渗透率,与多孔介质本身性质相关;

　　　μ——流体的动力黏度,与流体的温度(T)和浓度(c)有关;

　　　Q_m——源汇项;

　　　u——流体速度;

　　　$-\dfrac{k}{\mu}$——渗透系数;

　　　∇H——水力坡度;

　　　p——水头总压力。

5.1.2.2　化学场控制方程

　　化学场,即地下水溶质运移控制方程如下:

$$\begin{cases} P_{1,j}\dfrac{\partial Ci}{\partial t} + P_{2,j} + \nabla \cdot \Gamma_i + u \cdot \nabla Ci = R_i + S_i \\[2mm] P_{1,j} = (\varepsilon_p + \rho K_{p,j}) \\[2mm] P_{2,j} = (\varepsilon_i - \rho_p C_{p,j})\dfrac{\partial \varepsilon_p}{\partial t}, \rho_p = \dfrac{\rho}{1-\varepsilon_\rho} \\[2mm] N_i = \Gamma_i + uCi = -(D_{D,j} + D_{e,j})\nabla Ci + UCi \end{cases}$$

式中　C_i——流体中溶质的浓度；

$C_{p,j}$——多孔介质固体中溶质的浓度；

ρ_p——多孔介质固体的密度，一般设置为定值，也可设置与多孔介质的温度（T）相关；

$D_{D,j}$——机械弥散系数；

$D_{e,j}$——流体中溶质的扩散系数，常温下为定值，也可设置为与温度（T）相关的函数；

$K_{p,j}$——等温吸附系数，常温下为定值，也可设置为与温度（T）相关的函数；

R_i——化学反应项；

S_i——源汇项。

5.1.2.3　温度场控制方程

温度场，即地下水热量运移控制方程如下：

$$
\begin{cases}
(\rho C_p)_{eff}\dfrac{\partial T}{\partial t} + \rho C_p u \cdot \nabla T = \nabla \cdot (k_{eff}\nabla T) + Q + Q_{vd} + Q_p \\
(\rho C_p)_{eff} = \theta_p \rho_p C_{p,p} + (1-\theta_p)\rho C_p \\
k_{eff} = \theta_p k_p + (1-\theta_p)k
\end{cases}
$$

式中　C_p——流体的比热容，与温度（T）有关；

$C_{p,p}$——多孔介质固体的比热容，与温度（T）有关；

k——流体的导热系数，与温度（T）有关；

k_p——多孔介质固体的导热系数，与温度（T）有关；

k_{eff}——有效导热系数；

θ_p——体积分数；

ρ——流体的密度，与流体的温度（T）和浓度（c）相关；

ρ_p——多孔介质固体的密度，一般设置为定值，也可设置与多孔介质的温度（T）相关；

Q——热源；

Q_p——点热源；

Q_{vd}——边界热源。

5.1.2.4　应力场控制方程

应力场，即多孔介质弹性力学控制方程如下：

$$
-G\nabla^2 u_{ij} + \frac{G}{1-2\nu}\nabla(\nabla u_{ij}) - \rho_{fg}\nabla H_{ij} = 0
$$

式中　u_{ij}——位移变量；

G,ν——土体的剪切模量和泊松比，$G = E/[2(1+\nu)]$；

E——杨氏模量，MPa；

ρ_f——水的密度，kg/m^3；

H_{ij}——水头，m。

$$
n = \frac{n_0 + \varepsilon_V}{1 + \varepsilon_V}, \quad K = \frac{K_0}{1+\varepsilon_V}\left[1 + \frac{\varepsilon_V}{n_0}\right]^3
$$

式中　n_0——初始孔隙度；

K_0——初始渗透系数，m/d。

流场与温度场、化学场通过达西渗流速度 u 进行耦合。流场与应力场耦合实际上是孔隙应力消散引起土体骨架应力重分布,宏观上表现为土体的固结变形,土体的孔隙率 n 因此改变,影响渗透率 k,从而影响渗流。在比奥固结理论假定前提下,可以得到孔隙度 φ 和渗透率 k 的动态表达式如下:

$$\varphi = \frac{\varphi_0 + \varepsilon_V}{1 + \varepsilon_V}, \quad k = \frac{k_0}{1 + \varepsilon_V}\left[1 + \frac{\varepsilon_V}{\varphi_0}\right]^3$$

式中　φ_0——初始孔隙度;

　　　k_0——初始渗透率;

　　　ε_V——体应变。

5.2　模型建立及验证

5.2.1　模型建立

5.2.1.1　室内砂槽试验概念模型

室内试验设计中以西安市国际港务区迎宾大道西侧枫林九溪小区作为试验基地参考,严格按照砂槽设计基本原则要求砂槽模型和自然界的各个物理量呈现一定的比例关系,砂槽模型的基本尺寸为 3.0 m×2.0 m×2.0 m(长×宽×高),砂槽填充若干层介质厚度为 2.0 m,介质粒径根据研究区地质资料选取相同渗透系数介质,模拟不同情景下的地质结构组成。其中,在 0.25 m 以下填充按照一定比例混合后的粗中砂,0.05~0.25 m 覆盖黏土层。砂槽模型垂直剖面示意见图 5-2。

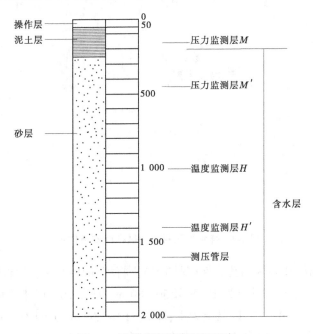

图 5-2　砂槽模型垂直剖面示意

数值模型的物理模型与砂槽模型比例为1:1,基本尺寸为3.0 m×2.0 m×2.0 m
(长×宽×高),介质层厚度为2.0 m,0.25 m以下为粗中砂,0.05~0.25 m为黏土层。初始
条件、边界条件、抽灌比、抽灌井流量等控制条件和砂槽试验相同。

5.2.1.2　野外示范场地概念模型

根据场地条件、资料收集及监测数据情况,选择神州数码科技园地下水源热泵系统作
为研究场地(场地选取具体见5.2.2节)。

神州数码科技园位于西安市西南部(见图5-3),园区内共设计有9个抽、灌井,现阶
段在使用的只有7个抽、灌井(3#井停用、9#井废弃)。园区内距热泵井较近的建筑物主
要有餐厅和研发办公楼,8#井距餐厅约20 m,4#、5#、6#距研发办公楼17.6 m,2#井距研发
办公楼16.4 m(见图5-4)。运行方案为1抽6灌(4#抽水井,1#、2#、5#、6#、7#、8#灌水
井),抽水量为50 m³/h(1 200 m³/d),热泵工作时间为工作日周一至周五。周末为21:00
至次日早上6:00。一个周期中有"抽-灌运行"和"停运蓄存"阶段,依次为冬季抽-灌运
行期(11月15日至翌年3月15日),春季停运蓄存期(3月15日至5月15日),夏季抽-
灌运行期(5月15日至9月15日),秋季停运蓄存期(9月15日至11月15日)。

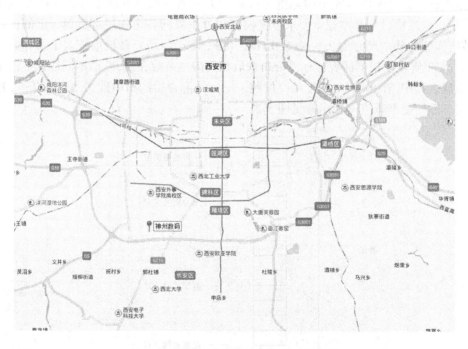

图5-3　神州数码科技园区在西安市位置

根据神州数码科技园区钻孔岩性(见图5-5),将埋深0~150 m的岩层大致分为五层:
埋深0~50 m为第一层,以黏土为主;埋深50~80 m为第二层,以中细砂、中细砂含砾为
主;埋深80~110 m为第三层,以黏土为主;埋深110~130 m为第四层,以中细砂为主;埋
深130~150 m为第五层,以黏土为主,夹有2层中细砂或细砂,厚1.6~3.6 m。其中,第

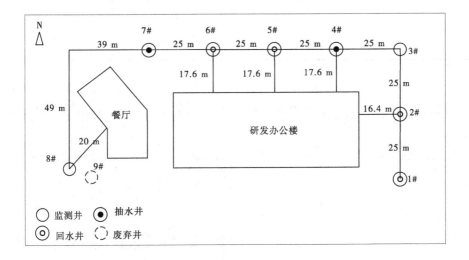

图 5-4　神州数码科技园井位布置

二层和第四层为主要的含水层,滤管长度都为 15 m。第二层滤管位置为埋深 51~66 m 处,第四层滤管位置为埋深 115~130 m。

为获取稳定的温度和水头边界条件,通过压力和温度影响半径的计算结果,选取水平方向上以抽灌区为中心的 1 km×1 km、垂向上 150 m 区域为模拟区,各井在所建模型中的坐标见表 5-1。

初始条件:据实测值,设定研究区初始水位埋深为 20 m,初始水温根据已有井实测温度插值得到。

边界条件:因模拟区(抽注水含水层)上部为厚层黏土、模拟区域面积(神州数码井分布区为中心,四周外扩 500 m)不大,主要抽灌层为承压含水层,故忽略气候变化、降水蒸发等因素影响。将抽灌水井影响范围之外(模拟区平面四周边界)概化为稳定水头(埋深 20 m)、稳定温度(15.8 ℃)边界,不考虑地温梯度影响;模拟区顶底部概化为隔水及稳定温度边界;回灌井处设为已知温度(根据回灌水温度设定)的第一类边界。

5.2.2　模型验证

5.2.2.1　与室内砂槽试验数据拟合

对 2017 年 3 月 17 日 11:00 至 17:00 室内砂槽试验部分监测点水位、温度数据进行拟合(抽灌比为 1 抽 1 灌,抽灌水量为 0.12 m³/h,回水温度为 285.15 K),试验中包括抽灌井在内共设有 27 个水位监测点,各水位监测点及抽灌井位置分布见图 5-6。因为在距抽灌井较远的左上方水位监测点较为密集,相距较近的水位监测点水位变化规律基本一致,故选取平面上均匀分布、能代表整体流场变化规律的水位监测点(图 5-6 中水位监测点,共 14 个)实测数据来进行拟合。

上部钻孔

备注：1—止水板　2—填料　3—滤水管　4—实管

序号	层底深度(m)	层厚(m)	岩性
1	36.80	36.80	黏土
2	38.00	1.20	细砂
3	44.00	6.00	黏土
4	58.80	14.80	中细砂含砾
5	61.40	2.60	黏土
6	64.40	3.00	中细砂
7	66.00	1.60	黏土
8	68.00	2.00	细砂
9	73.20	5.20	黏土
10	80.00	6.80	细砂夹中砂
11	87.20	7.20	黏土
12	91.20	4.00	细砂黏土层
13	103.60	12.40	黏土
14	109.40	5.80	中细砂
15	115.60	6.20	黏土
16	119.00	3.40	中细砂
17	123.20	4.20	黏土
18	125.80	2.60	中细砂
19	128.40	2.60	黏土
20	134.40	6.00	中细砂含砾
21	140.00	5.60	黏土
22	141.60	1.60	细砂
23	146.00	4.40	黏土
24	147.60	1.60	细砂
25	151.00	3.40	黏土

滤水管深度：54.0 m、66.0 m、102.0 m、109.0 m、117.0 m、123.0 m、129.0 m、135.0 m、141.0 m、144.0 m；井管 30.0 m

下部钻孔

备注：1—止水板　2—填料　3—滤水管　4—实管

序号	层底深度(m)	层厚(m)	岩性
1	8.40	8.40	黏土
2	10.00	1.60	砂砾石
3	46.40	36.40	黏土夹少量细砂
4	50.40	4.00	含砾石中砂
5	56.00	5.60	细砂夹黏土
6	58.60	2.60	中细砂
7	62.00	3.40	黏土
8	63.60	1.60	中细砂
9	74.60	11.00	黏土
10	80.00	5.40	细砂夹黏土
11	112.80	32.80	黏土
12	114.40	1.60	中细砂
13	122.20	7.80	黏土
14	124.60	2.40	中细砂
15	127.60	3.00	黏土
16	131.40	3.80	中细砂
17	138.00	6.60	黏土
18	141.60	3.60	中细砂
19	144.40	2.80	黏土
20	146.60	2.20	细砂
21	150.00	3.40	黏土

滤水管深度：48.0 m、51.0 m、57.0 m、60.0 m、65.0 m、69.0 m、75.0 m、81.0 m、111.0 m、114.0 m、120.0 m、123.0 m、129.0 m、138.0 m、144.0 m；井管 30.0 m

图 5-5　神州数码科技园水源热泵水井钻孔岩性

表 5-1 抽、灌井及监测井在所建模型中的坐标

井号	X(m)	Y(m)
4#抽水井	525	500
1#回灌井	550	450
2#回灌井	550	475
5#回灌井	500	500
6#回灌井	475	500
8#回灌井	400	475
3#监测井	550	500

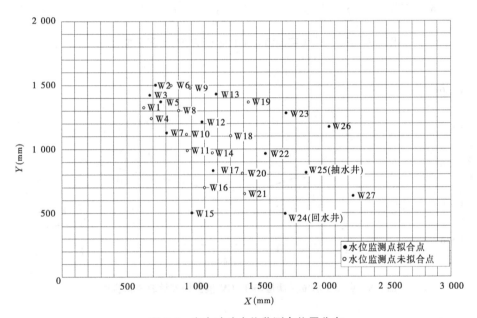

图 5-6 室内试验水位监测点位置分布

1. THCM 模型计算结果与试验观测渗流场的拟合

图 5-7 ~ 图 5-20 为表 5-1 中水位监测点实测值与 THCM 模型模拟计算值拟合图,除抽水井、回水井外的所有 12 个点水位均拟合良好。初始模拟值与实测值存在偏差,是因为抽水过程一旦开始,抽水井附近孔隙水压力会很快降低,在初始时刻产生一个瞬间的水头变化量。图 5-7(点 W2)、图 5-8(点 W3)、图 5-9(点 W5)、图 5-10(点 W7)、图 5-11(点 W12)、图 5-12(点 W13)、图 5-13(点 W15)、图 5-14(点 W17)、图 5-15(点 W22)、图 5-16(点 W23)、图 5-19(点 W26)、图 5-20(点 W27)中各点水位 THCM 模型模拟计算值与实测值总体变化趋势一致、各时间段水位计算值与观测值接近,拟合效果良好。图 5-17(点 W24)、图 5-18(点 W25)的水位实测值与模拟值差别较其他点偏大,但水位变化趋势相似,偏大原因主要是因为点 W24 的水位、点 W25 的水位分别为回水井位和抽水井位,水位受试验本身影响相对较大,且抽回水后水位瞬时上升或下降,相比其他水位监测点的拟

合误差稍大。从对水位总体拟合效果来看,大部分数据点水位值绝对偏差较小,水位随时间变化规律与实际相符,流场模拟总体效果良好,可以进行其他场的拟合。

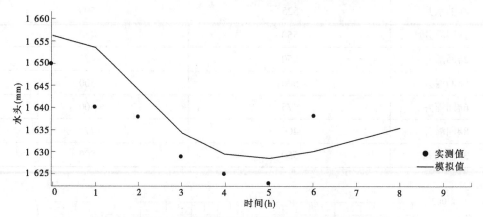

图 5-7　点 W2 水位实测值与 THCM 模型模拟计算值拟合图

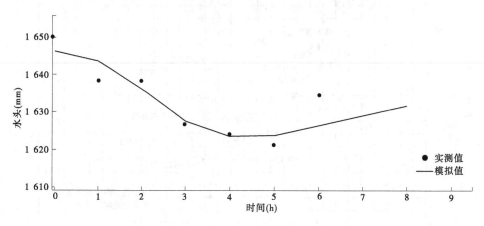

图 5-8　点 W3 水位实测值与 THCM 模型模拟计算值拟合图

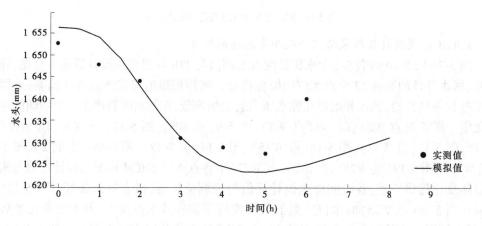

图 5-9　点 W5 水位实测值与 THCM 模型模拟计算值拟合图

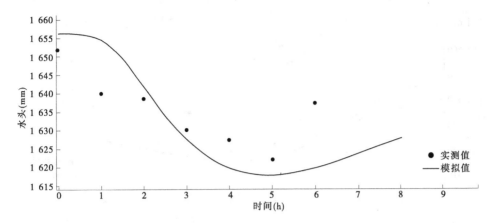

图 5-10　点 W7 水位实测值与 THCM 模型模拟计算值拟合图

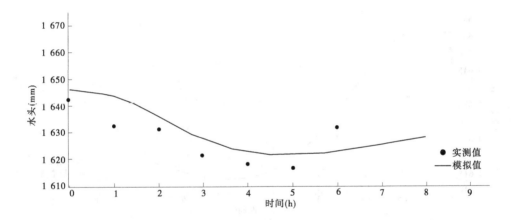

图 5-11　点 W12 水位实测值与 THCM 模型模拟计算值拟合图

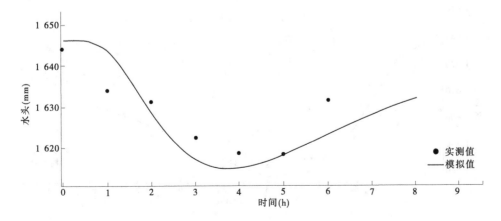

图 5-12　点 W13 水位实测值与 THCM 模型模拟计算值拟合图

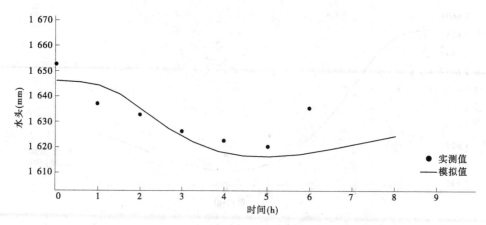

图 5-13　点 W15 水位实测值与 THCM 模型模拟计算值拟合图

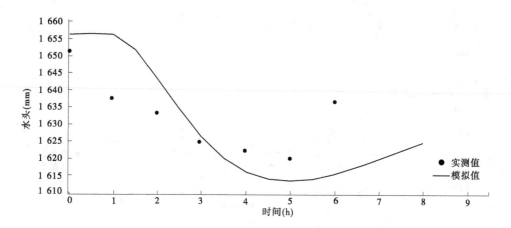

图 5-14　点 W17 水位实测值与 THCM 模型模拟计算值拟合图

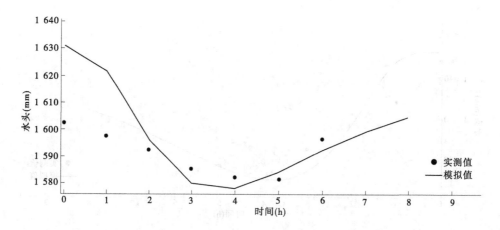

图 5-15　点 W22 水位实测值与 THCM 模型模拟计算值拟合图

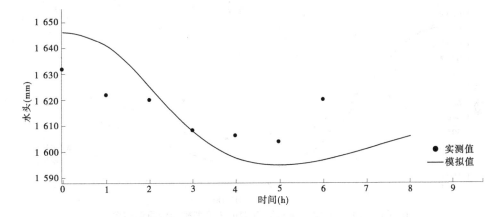

图 5-16　点 W23 水位实测值与 THCM 模型模拟计算值拟合图

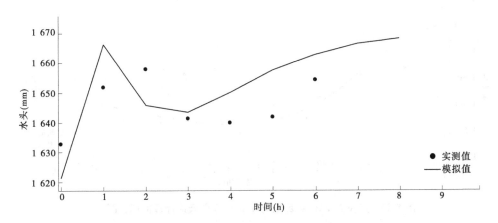

图 5-17　点 W24(回水井)水位实测值与 THCM 模型模拟计算值拟合图

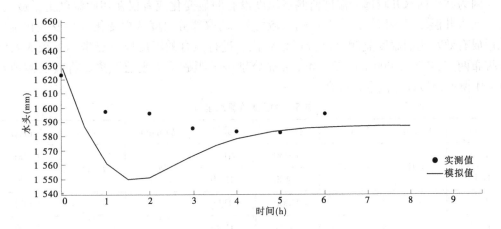

图 5-18　点 W25(抽水井)水位实测值与 THCM 模型模拟计算值拟合图

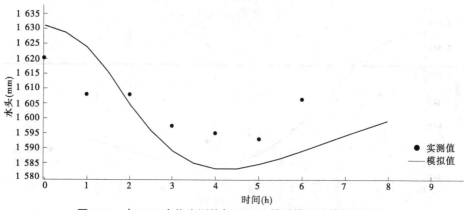

图 5-19　点 W26 水位实测值与 THCM 模型模拟计算值拟合图

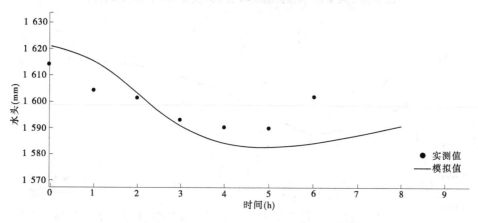

图 5-20　点 W27 水位实测值与 THCM 模型模拟计算值拟合图

2. THCM 模型计算结果与试验观测温度场的拟合

因为在距回水井较远处温度监测点温度没有明显变化或者仅在初始温度上下波动,故在回水井温度影响区域之内及影响区域之外,选取部分温度数据变化趋势或变化幅度能形成有效对比的温度监测点进行拟合对比。进行拟合的温度监测点坐标见表 5-2,纵向排布两层,Z 值 1 000 mm 及 1 400 mm 分别表示距砂槽上表层距离。将其实测值与 THCM 模型模拟计算值进行拟合。

表 5-2　温度监测点坐标

编号	X(mm)	Y(mm)	Z(mm)	编号	X(mm)	Y(mm)	Z(mm)
H13	691	1 238	1 000	H19	962	1 115	1 000
H′13			1 400	H′19			1 400
H17	900	1 300	1 000	H34	1 878	815	1 000
H′17			1400	H′34			1 400

图 5-21~图 5-25 为表 5-2 中部分温度监测点实测值与 THCM 模型模拟计算值拟合

图,图 5-21(点 H13)、图 5-22(点 H17)、图 5-23(点 H19)、图 5-24(点 H34)、图 5-25（点 H′34）中各点对应的温度绝对偏差均值分别为 0.1 K、0.15 K、0.17 K、0.18 K、0.3 K。总体来看,各点拟合效果较好,实测数据与模拟值总体变化规律一致,部分数据点稍有偏差。分析其中偏差原因可能有两点:一是试验中不同层位初始温度在(291.15±0.3) K,而上下波动的温度在试验中并不能明确其时间和空间点位,因此模型中只能将温度场初始值全部设置为 291.15 K,不考虑此温度波动;二是试验砂槽介质同一层内可能存在一定的非均质性,而 THCM 数值模型中将同一层设置为均质介质。

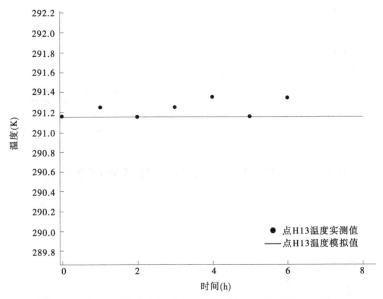

图 5-21　点 H13 温度实测值与 THCM 模型模拟计算值拟合图

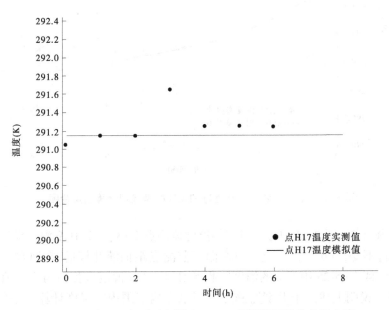

图 5-22　点 H17 温度实测值与 THCM 模型模拟计算值拟合图

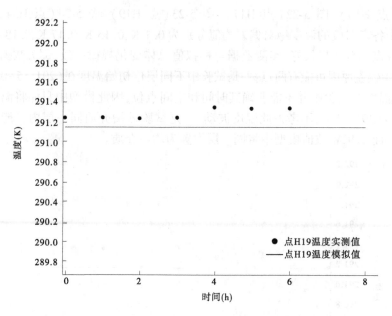

图 5-23　点 H19 温度实测值与 THCM 模型模拟计算值拟合图

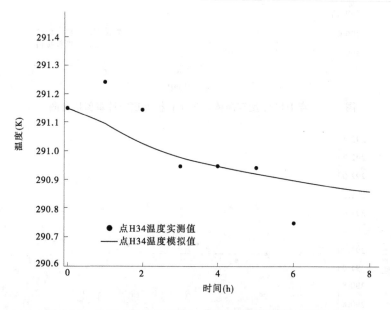

图 5-24　点 H34 温度实测值与 THCM 模型模拟计算值拟合图

图 5-21、图 5-22、图 5-23 中分别对应的温度监测点 H13、H17、H19 温度模拟值基本在 291.15 K 保持不变,分析原因是上述三个温度监测点距抽灌井较远,在回水温度影响范围之外。图 5-24、图 5-25 中对应的温度监测点 H34、H′34 温度模拟值与实测值随时间呈明显降低趋势,说明上述两个温度监测点在回水影响范围内。温度计算结果等值线(见图 5-26)进一步验证了上述分析。

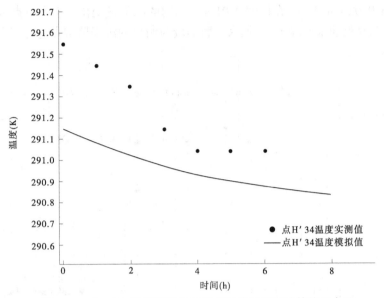

图 5-25 点 H'34 温度实测值与 THCM 模型模拟计算值拟合图

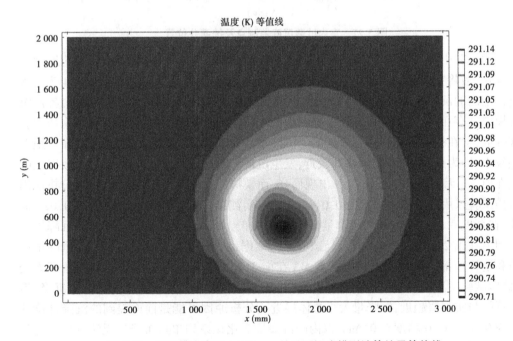

图 5-26 距砂槽上表层 1 000 mm 处平面温度模型计算结果等值线

3. THCM 模型计算结果与试验观测应力场的拟合

对 2017 年 4 月 17 日 10:28~14:29 部分室内砂槽试验沉降量观测数据进行拟合（抽灌比为 1:2，单井抽水量 0.12 m³/h，单井回水量 0.06 m³/h）。应力监测点纵向排布两层，分别表示距砂槽上表层 150 mm、450 mm，室内试验沉降监测点及抽灌井位置见图 5-27。砂槽试验采用的是 YTDG0100 系列单点沉降计，精度为 0.01 mm，所以实测值只能呈 0

mm、0.01 mm、0.02 mm 变化,在精度 0.01 mm 以内的沉降量变化该系列单点沉降计无法读出。所以,选取距抽水井较近,受抽水井影响较为明显的沉降监测点进行拟合。

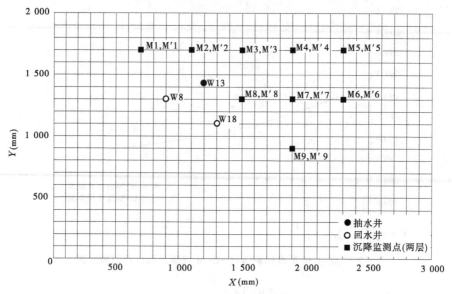

图 5-27　室内试验沉降监测点及抽灌井位置

砂槽试验中用砝码来替代建筑物,THCM 模型建模过程只考虑抽灌水引起的地面沉降量变化,故将室内砂槽试验初始时刻沉降量实测值视为 0 mm。图 5-28~图 5-34 为抽水影响范围内的沉降监测点实测值与 THCM 模型模拟计算值拟合图,从图中可看出各点沉降量模拟值存在一个初始沉降量值,是因为抽水过程一旦开始,抽水井附近孔隙水压力会很快降低,会在初始时刻产生一个瞬间的沉降量。点 M1、M2 拟合效果较好,沉降量绝对偏差较小,因为点 M1、M2 距抽水井较近,发生沉降趋势较为明显。点 M′2 实测数据表明该点在前 3 h 无沉降发生,最后 1 h 出现回弹,而模拟值在此期间出现了沉降量,分析原因是砂槽试验采用的沉降计精度为 0.01 mm,所以实测值只能呈 0 mm、0.01 mm、0.02 mm变化,在精度 0.01 mm 以内的沉降量变化该系列单点沉降计无法读出。点 M′3 沉降量试验观测值在第 2 h 出现回升,应该是试验异常数据,从前一时刻数据拟合来看,沉降量试验值和模拟值都有缓慢变大趋势。点 M3 在前 3 h 以及 M4、M9 在前 2 h 实测值都无变化,此后试验实测值突然出现变化,而 THCM 模型计算值在抽水开始阶段即产生沉降,后期计算值与实测值趋近,沉降量大小总体接近。分析原因可能是前面提到的沉降计读数精度为 0.01 mm,在精度 0.01 mm 以内的沉降量变化该系列单点沉降计无法读出。另外一个原因可能是与地下水多数井流解析解理论类似,是 THCM 模型未考虑释水滞后效应所致。

在室内试验中,受限试验条件,抽水量很小,引起的沉降量值也非常小,且试验受边界条件、试验正常误差等因素影响,完全拟合每个时间段沉降量非常小的试验数据与 THCM模型计算结果较为困难。从理论上来说,在抽水初期流场未稳定时,地面沉降发展迅速,随着时间有逐渐减弱的趋势,流场稳定后,沉降量变化会较缓慢趋于稳定,THCM 模型沉降量模拟计算值变化趋势符合客观规律。此外,地下水源热泵场地一般运行时间较长(4

个月），考虑最不利条件,通常评价流场稳定后导致的最大沉降量对建筑物安全的影响,而室内试验数据已验证 THCM 模型计算较长时间后由抽灌水引起的沉降量结果可靠,可以用于指导野外实际地下水源热泵系统运行。

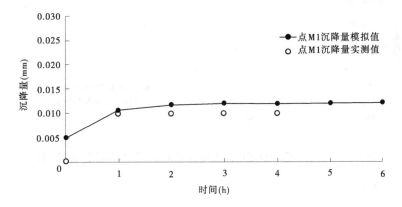

图 5-28　点 M1 沉降量试验实测值与 THCM 模型模拟计算值拟合图

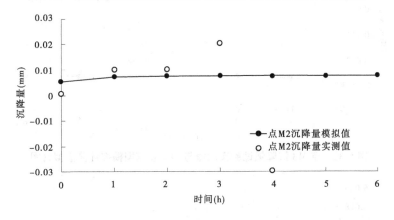

图 5-29　点 M2 沉降量试验实测值与 THCM 模型模拟计算值拟合图

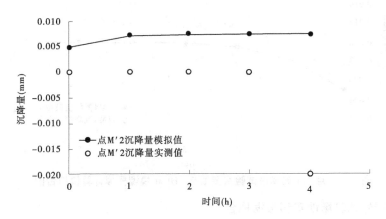

图 5-30　点 M′2 沉降量试验实测值与 THCM 模型模拟计算值拟合图

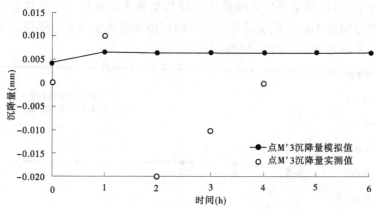

图 5-31　点 $M^1$3 沉降量试验实测值与 THCM 模型模拟计算值拟合图

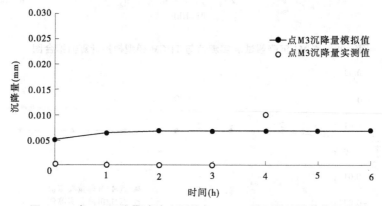

图 5-32　点 M3 沉降量试验实测值与 THCM 模型模拟计算值拟合图

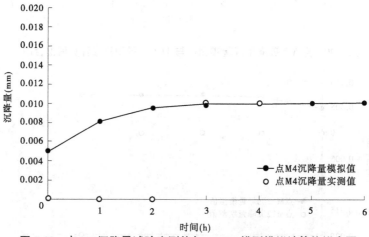

图 5-33　点 M4 沉降量试验实测值与 THCM 模型模拟计算值拟合图

5.2.2.2　与野外试验场地实测数据拟合

1. 西安市水源热泵示范场地选取

基于前期对西安市地下水源热泵系统场地收集的资料,经野外现场踏勘证实,西安浐

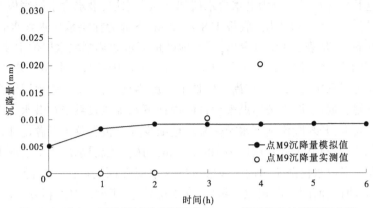

图 5-34　点 M9 沉降量试验实测值与 THCM 模型模拟计算值拟合图

河半坡湖酒店、世园大公馆、莹朴大厦、西安肇兴制药公司、陕西飞轮电气化器材有限公司、陕西伟达制药公司、陕西省公安边防总队、大兴新区建设有限公司、西安欧佳工艺品责任公司、陕西省蓝晶光电科技股份有限公司共 10 家公司由于公司倒闭或厂址搬迁等原因，水源热泵系统目前已经废弃或停用。经协调可以入场调研的场地，对其进行资料进一步收集和现场踏勘后，对这些重点场地资料及现场条件进行梳理分析，按场地取水层位、资料收集及缺失数据后期是否可监测等情况，汇总如表 5-3 所示，从中选取在西安地区具有典型代表性的野外试验场地。

表 5-3　西安市水源热泵重点备选场地基本情况汇总

场地	西安市位置	抽灌水层位	资料及数据后期是否可监测情况
枫林九溪	东北	浅层承压水	（1）有水资源论证报告、成井施工报告； （2）水位、水温等数据后期可监测，但场地处于试运行阶段，课题工作开展期间不能获取长系列监测数据
东尚小区	东	第一、第二承压含水层混合	（1）有成井报告和水温监测数据； （2）缺少水资源论证报告、缺少水位监测数据，现场及成井条件使后期水位难以进行监测
仁里小区	北	第一承压含水层，是否也有第二承压含水层不明确	（1）有水资源论证报告和水温监测数据； （2）缺成井报告； （3）水位水温数据后期可以进行监测
神州数码	南	第一承压含水层	（1）有成井报告、水资源论证报告； （2）缺少水位及水温监测数据，但根据现场情况，水位、水温数据后期可补充
陕西省公路勘察设计院	南	潜水井；浅层承压水井	（1）有施工成井报告、水资源论证报告； （2）水位无法观测
开米股份	南	取水层不明确	（1）无成井资料及水资源论证报告； （2）有水位、水温监测数据

西安市地下水含水层划分为潜水含水层和承压含水层,潜水含水层底板 70~80 m,浅层承压含水层(第一承压含水层)底板 178~230 m,下部为深层承压水含水岩组(第二承压含水层及以下)。从表 5-3 中可看出,西安地区地下水源热泵取水层位主要是浅层承压含水层,潜水含水层和深层承压含水层取水的场地较少,因此选取典型野外试验场考虑取水层位主要为浅层承压含水层。东尚小区地下水源热泵一、二承压含水层混合抽水,缺乏相应的分层监测数据;陕西省公路勘察设计院内地下水源热泵系统在潜水含水层、浅层承压含水层都有取水;开米股份地下水源热泵场地缺少成井报告及水资源论证报告,取水层位不明;仁里小区资料显示取水层位为 80~230 m,明确从浅层承压含水层取水,但是否从第二层承压含水层取水目前不明确。浅层承压含水层在西安市区内广泛分布,主要由第四系中、下更新冲积、河湖相沉积地层组成,含水层较厚,细砂、中砂、粗砂或砂砾石渗透系数大,单位涌水量 25~300 m³/(d·m),属较强中等富水区。水化学类型为 HCO₃-Ca·Na 型,矿化度<0.5 g/L。承压水主要靠地下水径流及含水层之间的越流进行补给,水质良好,能够满足空调机组的用水要求。从取水层位是否具有代表性来看,选取浅层承压含水层作为典型开采层位。

资料是否满足 THCM 模型验证要求,也是野外场地选取应遵循的主要原则之一。资料包括:区域水文地质普查、场地取水的水资源论证报告等区域资料;场地水源井成井报告;水源热泵运行期的水位、水温、水质及地面沉降等监测数据。其中,井柱状图等资料是必备资料,如果缺失则不能被选为 THCM 模型识别验证场地;有些资料可以后期监测,但监测的前提是场地是否具备补充监测的条件。从表 5-3 可以看到,各场地目前基本都缺乏水位和沉降监测数据,部分场地已有的水温数据需进一步核实是否合理。经现场勘察,场地水位、水温数据后期难以补充监测的场地有:枫林九溪属新建小区,热泵还未全部投入使用,课题开展期间难以获得场地长系列监测数据用于模型识别验证;东尚小区地下水位难以监测,水位埋深较大,井中管线较多,水位计无法到达水面;陕西省公路勘察设计院热泵井口是密闭的,无法进行水位水温数据监测。开米股份和仁里小区场地缺少成井报告,模型无法构建,且开米股份场地也处于试运行阶段。神州数码场地水位、水温、地面沉降数据是可以通过后期监测补充。

综合西安地下水源热泵典型开采层位、已有资料情况、后期数据监测的可行性等几个方面考虑,神州数码科技园在西安市是具有代表性的地下水源热泵开发利用的研究场地,将其作为野外试验场地,对数据进行补充监测,用于西安市 THCM 模型的识别验证。

2. 西安市水源热泵示范场地监测数据与 THCM 模型计算结果拟合

神州数码水源热泵场地基本情况见 5.2.1 相关内容。将场地监测数据与 THCM 模型模拟计算值进行对比,以验证所建 THCM 四场耦合模型在西安地区的适用性。

将神州数码 4#抽水井实测温度及水位、3#监测井实测温度与模拟值进行拟合,回水井处温度基本上为回水温度,抽水井及监测井水温变化能很好地表明在地下水源热泵运行期间地温场的演变规律,通过抽水井及监测井水温的变幅可以判断是否发生热贯通现象。回水井处回水方式主要是从井口直接回灌,水位变幅较大难以进行监测。在前期经实地勘察,制订了示范场地监测方案,对 4#抽水井及 3#监测井水位、水温及附近地面沉降进行监测。

1）THCM 模型流场识别验证

对热泵使用前期（2016 年 11 月 25 日）4#抽水井水位进行拟合，因识别验证时间较短，监测井的水位变化没有抽水井的明显，故主要对抽水井水位进行拟合。图 5-35 中 4#抽水井水位模拟水位与实测水位总体规律一致，拟合效果较好。局部存在较小偏差，水位埋深绝对偏差均值为 0. 35 m 左右，远小于 7. 5 m 左右的水位变幅（符合《地下水数值模拟技术要求》），分析原因应该是受场地非均质性影响，且与识别验证时间过短存在一定关系。

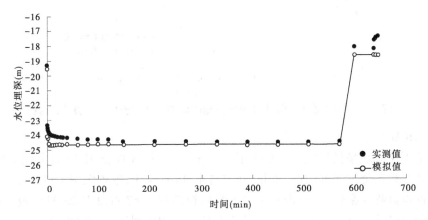

图 5-35　神州数码 4#抽水井水位监测值与 THCM 模型模拟计算值拟合图

2）THCM 模型温度场识别验证

在地下水源热泵供暖期，于 2017 年 1 月 6 日、2 月 28 日、3 月 15 日分别对抽水井及监测井水温进行了监测。将 2016 年 11 月（水源热泵系统运行前）作为温度场识别验证的初始时刻，将水温模拟值与实测数据进行拟合。图 5-36 和图 5-37 分别是 3#监测井和 4#抽水井温度模拟值与实测值拟合图，3#监测井最大温度绝对误差 0. 1 K，4#抽水井最大温度绝对误差 0. 2 K，但误差很小，总体温度变化趋势一致，模拟结果良好。

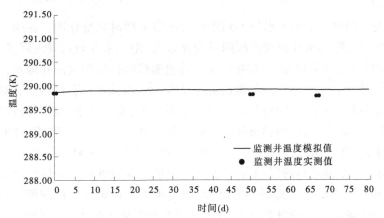

图 5-36　神州数码 3#监测井温度监测值与 THCM 模型模拟计算值拟合图

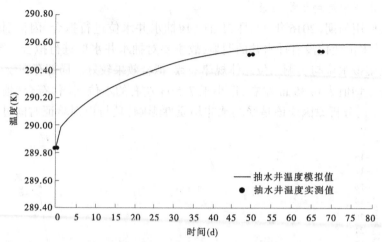

图 5-37　神州数码 4#抽水井温度监测值与 THCM 模型模拟计算值拟合图

3) THCM 模型应力场识别验证

在地下水源热泵供暖期,于 2017 年 1 月 6 日、2 月 28 日、3 月 15 日分别对模型验证识别示范场地三个监测点(2#回水井、3#监测井、4#抽水井)附近沉降量进行了监测,数据显示基准点高程变幅较大(基准点 1 月 6 日后视高程 1.67 m,2 月 28 日后视高程 1.655 m,3 月 15 日后视高程 1.638 m)。上述三个监测点均出现地面回弹现象。分析原因可能是该场地附近地面荷载发生变化,引起地面整体回弹。这和水源热泵系统引起地面沉降实际不符,沉降监测数据无法用于模型识别验证。因此,模型应力场的识别采用 THCM 模型与解析解、其他二场耦合模型(流场-应力场耦合)计算结果对比。

在以神州数码场地条件构建模型的基础上,考虑单井抽水量为 1 200 m³/d 时 1 抽 1 灌的情况,通过解析解、GMS 中 SUB 模块及 COMSOL Multiphysics 对 1 抽 1 灌算例进行计算,并将这三种方法计算结果进行对比,来验证 COMSOL Multiphysics 建立的多场耦合模型对热泵系统运行期间抽灌水引起的地面沉降分析的可靠性,为提出抽灌井离建筑物最优安全距离提供参考。

图 5-38 为多场耦合下距抽水井不同距离处沉降量随时间变化图。在第一个抽灌运行阶段(0~120 d),距抽水井较近处沉降量变化较大,距抽水井较远处沉降量变化较小。可以看出。在地下水开采过程中,在井点周围的地面沉降出现明显的孔隙水压力和变形的不均匀分布,靠近抽水位置区域的地面沉降量大于远离抽水位置区域。在流场稳定后距抽水井不同点处沉降量趋于稳定,是因为热泵系统抽、灌水井附近水位降深趋于稳定,地层重新处于平衡状态,所以地面沉降量变幅微弱。第一个停运蓄存阶段(120~180 d),受抽水井影响发生地面沉降区域地面逐渐回弹,但并未完全恢复到初始状态,产生了永久沉降量。在第二个抽灌运行阶段(180~300 d),距抽水井较近处沉降量变化规律与前一阶段相似,但相比之下最大沉降量稍有增大,幅度不大。在第二个抽灌停运阶段(300~360 d),与第一个抽灌停运阶段类似,受抽水井影响发生地面沉降区域再回弹。在热泵系统一个运行周期结束后,存在一个不可恢复的永久沉降量,接近 0.67 mm 左右。

采用解析解公式算出 1 抽 1 灌模式下抽水井附近最大地面沉降值与 COMSOL

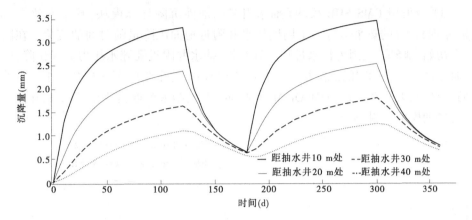

图 5-38　多场耦合下距抽水井不同距离处沉降量随时间的变化

Multiphysics 软件数值解进行对比。解析解公式如下:

含水层变形采用弹性公式计算:

$$S_\infty = \frac{\Delta P}{E} H$$

黏性土或粉土按下式计算:

$$S_\infty = \frac{a_v}{1 + e_0} \Delta P \times H$$

式中　S_∞——最终沉降量,m;

　　　a_v——黏性土或粉土的压缩系数或回弹系数,MPa^{-1};

　　　H——计算土层厚度,m;

　　　e_0——孔隙比;

　　　E——含水层的弹性模量,压缩时为 E_s,回弹时为 E_c,MPa;

　　　ΔP——水位变化施加于土层的平均荷载,MPa。

总沉降量等于各土层沉降量的总和,即 $S = \sum S_i$。

e_0、a_v 的值参照西安地区相关资料及文献取经验值,H 由钻孔柱状图得到,弹性模量 E 与压缩模量 E_s 一般为 $E = (2 \sim 5) E_c$,ΔP 依据土层取经验值,解析解参数经验值见表 5-4。

表 5-4　解析解参数经验值

土层	e_0	$a_v(\text{MPa}^{-1})$	$E(\text{MPa})$	$H(\text{m})$	$\Delta P(\text{MPa})$	$S_\infty(\text{m})$
含水层			300	50	0.016 4	0.002 733 3
黏土层	0.86	0.1		100	0.000 185	0.000 994 6

通过解析解算出热泵系统运行一个周期后地面最大沉降量为 3.72 mm,参照 COMSOL Multiphysics 软件对距抽水井 10 m 处沉降量计算值,两者最大沉降量计算值相差不大,表明结果可信。分析其中误差主要来自参数,解析解中部分参数,如弹性模量等,取值为经验参数,而数值模型中参数为场地试验获取参数。

图 5-39 为采用 GMS SUB 模块(抽水引起的地面沉降计算模块,基于有效应力的 Terzaghi 原理)计算的热泵运行一个周期抽水井附近地面沉降量随时间的变化。在图中存在一个初始沉降量,是因为抽水过程一旦开始,抽水井附近孔隙水压力会很快降低,会在初始时刻产生一个瞬间的沉降量。随着远离抽水井,这个瞬间沉降量会变小。距抽水井不同距离处最大沉降量和 COMSOL Multiphysics 算出结果接近,表明所建 THCM 能较好用于应力场的模拟预测。

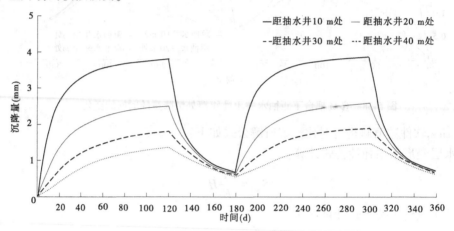

图 5-39　GMS SUB 模块计算出抽水井附近地面沉降量随时间的变化

5.2.2.3　THCM 模型识别验证小结

对比室内砂槽和野外水源热泵系统试验监测数据以及其他耦合模型计算结果与所建 THCM 模型计算结果拟合总体效果较好,表明所建 THCM 模型能较好地反映多场间的耦合作用过程,可以模拟预测不同水源热泵运行方案对场地流场、温度场、应力场的影响。经试验和野外试验场地识别验证后的模型水文地质参数和热物性参数分别列于表 5-5 和表 5-6,室内试验拟合结果参数,特别是弥散度等,普遍小于野外场地拟合结果参数,表明了参数尺度效应的存在,也从另一方面验证了模型的可信性。识别验证后的模型及参数可以用于下一步模拟预测。

表 5-5　室内试验水文地质及热物性参数

参数	取值	单位	参数	取值	单位
渗透率 k	1.3×10^{-11}	m^2	地下水密度 ρ_w	1 000	kg/m^3
孔隙率 n	0.31		地下水比热容 C_w	4.20	$kJ/(kg \cdot K)$
纵向热弥散度 α_L	5	m	地下水导热系数 λ_w	0.5	$W/(m \cdot K)$
横向热弥散度 α_T	0.5	m	含水介质骨架密度 ρ_s	2 200	kg/m^3
弹性模量 E	60	MPa	含水介质骨架比热容 C_s	0.72	$kJ/(kg \cdot K)$
泊松比 ν_0	0.48		含水介质骨架导热系数 λ_s	1.1	$W/(m \cdot K)$

表 5-6　西安水源热泵示范场地水文地质及热物性参数表

参数	取值	单位	参数	取值	单位
渗透率 k	3.0×10^{-11}	m^2	地下水密度 ρ_w	1 000	kg/m^3
孔隙率 n	0.36		地下水比热容 C_w	4.20	$kJ/(kg \cdot K)$
纵向热弥散度 α_L	11	m	地下水导热系数 λ_w	0.59	$W/(m \cdot K)$
横向热弥散度 α_T	1.1	m	含水介质骨架密度 ρ_s	2 190	kg/m^3
弹性模量 E	300	MPa	含水介质骨架比热容 C_s	0.94	$kJ/(kg \cdot K)$
泊松比 ν_0	0.48		含水介质骨架导热系数 λ_s	1.5	$W/(m \cdot K)$

5.3　THCM 数值模型在西安地下水源热泵系统研究中的应用

将识别验证后的 THCM 模型用于西安地下水源热泵系统,预测不同抽注和不同热泵运行方案条件下多场运移变化特征,明确系统不同运行方式对地下水水位、水温、水质及沉降等随时间及空间变化规律等,确定最优的抽灌方式和合理的抽灌比,提出抽灌井间距以及抽灌井距建筑物的最优安全距离。

5.3.1　渗流场-温度场耦合作用下的合理井开采布局

基于实际监测数据,选择考虑流热(渗流场-温度场的简称)两场耦合的情况来确定西安市地下水源热泵系统合理抽灌比、合理布井方式和不同状态条件下的合理井间距。

5.3.1.1　合理抽灌比

在前期调研中发现,水源热泵开发利用场地多为小区及写字楼,在单日抽水量 1 200 m^3、回水温差为 8 K 的情形下大多是可以达到热负荷需求的。1 口抽水井单日抽水量(单井抽水量 50 m^3/h)便能满足需求。但这并不意味着场地只需打 1 口抽水井,因为水源热泵场地实际运行时,有很多突发状况发生(泵不能正常工作、需要定期洗井),后文在 1 抽多灌的情形下研究最合理的抽灌比。根据调研,目前场地多采用无压回灌,单井回水量小,个别场地存在回水井井口水量溢出现象。所以,在确定合理抽灌比时应考虑实际情况,设计回水井数量应多于抽水井(至少 2 倍以上),才能保证抽灌量平衡。

不同布局方式会对研究区水头和温度场产生影响。因此,在对比研究不同抽灌比方案时,只是在原有抽灌井布局基础上增减灌水井个数,原有抽灌井布局不变。如 1 抽 4 灌只是在 1 抽 3 灌布局基础上增加 1 口回水井。设计 4 种抽灌比方案:方案一是 1 抽 2 灌,方案二是 1 抽 3 灌,方案三是 1 抽 4 灌,方案四是 1 抽 5 灌。各方案井位布局见图 5-40。

图 5-41、图 5-43、图 5-45 及图 5-48(图中横纵坐标均表示距离的长和宽)是在不同抽灌比方案下运行 120 d 后表征温度场运移范围的温度等值线图。图 5-42、图 5-44、图 5-46 及图 5-49 是在不同抽灌比方案运行下,抽水井温度随时间变化的过程。通过温度场的变化范围及幅度可知,在不同抽灌比方案情况运行下发生热贯通趋势快慢程度不同。为定量分析能量利用过程中的热贯通效应,本书把抽水井温度降低 2 K 看作发生热贯通的临

界状态,确定合理的抽灌比主要综合考虑以下几方面:一是满足取水量及抽灌平衡的需要;二是发生热贯通时间长短及程度。设定热泵系统在不同抽灌比方案下运行周期都为1年,依次为冬季抽灌运行期(11 月 15 日至 3 月 15 日),春季停运蓄存期(3 月15 日至 5 月 15 日),夏季抽灌运行期(5 月 15 日至 9 月 15 日),秋季停运蓄存期(9 月 15日至 11 月 15 日)。

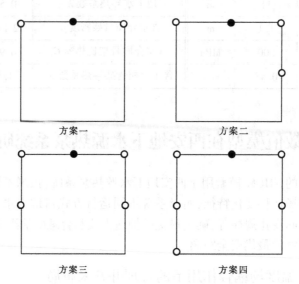

● 抽水井; ○ 灌水井　同一条线上两井间距为50 m

图 5-40　不同抽灌比方案井位布局

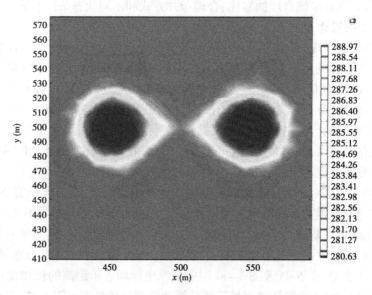

图 5-41　方案一运行 120 d 后的温度等值线图

1. 方案一:1 抽 2 灌

运行方案为 1 抽 2 灌时,抽水量为 1 200 m³/d,则单井回水量为 600 m³/d。图 5-41

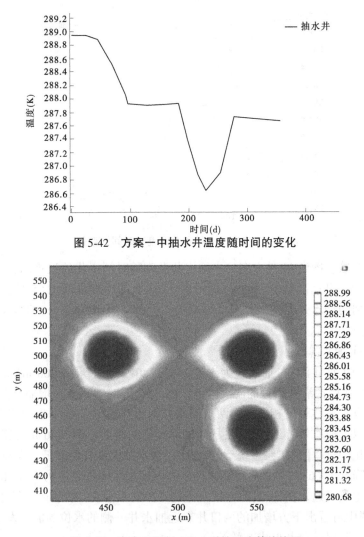

图 5-42　方案一中抽水井温度随时间的变化

图 5-43　方案二运行 120 d 后的温度等值线图

是方案一运行 120 d 后抽灌井附近的温度等值线图,两回水井朝向抽水井一侧温度等值线明显发生偏移,相比其他方向温度梯度小,说明两回水井均对抽水井形成有效补给。图 5-42 是方案一中抽水井温度随时间变化的过程图,热泵系统运行 20 d 后抽水井温度开始降低,冬季运行期结束后抽水井温度降低 2.05 K 发生热贯通。热泵运行期间抽水井温度最大降幅为 3.35 K。

2. 方案二:1 抽 3 灌

运行方案为 1 抽 3 灌时,抽水量为 1 200 m³/d,单井回水量为 400 m³/d。图 5-43 是方案二运行 120 d 后抽灌井附近的温度等值线图,可以看出在方案二中增加的一口回水井附近温度等值线偏移程度相比于原来两口回水井附近的温度等值线偏移程度弱些,但在图中依然可以看出增加的这口回水井附近温度等值线发生明显偏移。因为增加的这口回水井距抽水井 71 m,对抽水井水量的补给能力低于原来的两口回水井,但对抽水井依

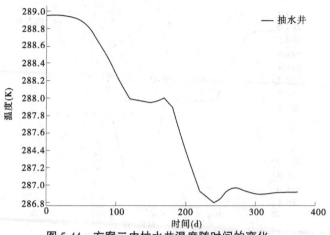

图 5-44　方案二中抽水井温度随时间的变化

然能形成有效补给。图 5-44 是方案二中抽水井温度随时间变化的过程图,热泵系统运行 30 d 后抽水井温度开始降低,冬季运行期结束后,抽水井温度降低 1.95 K 接近发生热贯通。热泵运行期间抽水井温度最大降低程度为 3.15 K。相比方案一,抽水井温度降低程度变小。

3. 方案三:1 抽 4 灌

运行方案为 1 抽 4 灌时,抽水量为 1 200 m³/d,单井回水量为 300 m³/d。图 5-45 是方案三运行 120 d 后抽灌井附近的温度等值线图。图 5-45 中下方多增加的两口回水井附件温度等值线发生偏移程度相比上方两口回水井附近温度等值线发生偏移程度弱,但对抽水井水量可以形成有效补给,能满足场地抽灌平衡的需要。图 5-46 是方案三中抽水井温度随时间变化的过程图,热泵系统运行 35 d 后抽水井温度开始降低。冬季运行期结束后抽水井温度降低 1.66 K,热泵运行期间抽水井温度最大降低程度为 1.57 K。在热泵运行期间没有发生热贯通。图 5-47 为方案三运行 120 d 后(冬季抽灌运行结束)水位埋深等值线图,从图中可看出下方增加的两口井靠近抽水井一侧的水位等值线发生明显偏移,说明增加的两口井对抽水井形成有效补给。

4. 方案四:1 抽 5 灌

运行方案为 1 抽 5 灌时,抽水量为 1 200 m³/d,单井回水量为 240 m³/d。图 5-48 是方案四运行 120 d 后抽灌井附近的温度等值线图。从图 5-48 可以看出方案四比方案三中多增加的这口回水井附近的温度等值线没有发生明显偏移,说明其对抽水井及附近井并未形成有效补给。图 5-49 是方案四中抽水井温度随时间的变化,热泵系统运行 40 d 后抽水井温度开始降低。冬季运行期结束后抽水井温度降低 1.15 K,热泵运行期间抽水井温度最大降低程度为 1.1 K,在热泵运行期间没有发生热贯通。图 5-50 为方案四运行 120 d 后水位埋深等值线图,最下方增加的第五口回水井附近水头等值线未发生偏移,说明相比方案三中多增加的这口回水井并未对抽水井水量形成有效补给,该方案不符合场地抽灌平衡的要求。

通过分析上述四种方案中回水井附近温度场的偏移程度及是否能对抽水井形成有效的补给,经过对比发现:方案三和方案四发生热贯通的程度比方案一、方案二低,但是方案

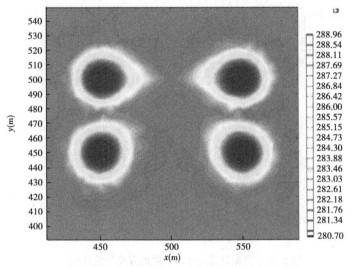

图 5-45　方案三运行 120 d 后的温度等值线图

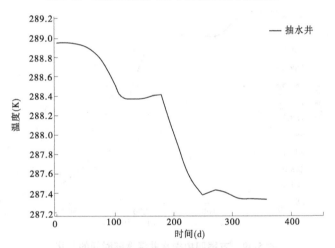

图 5-46　方案三中抽水井温度随时间的变化

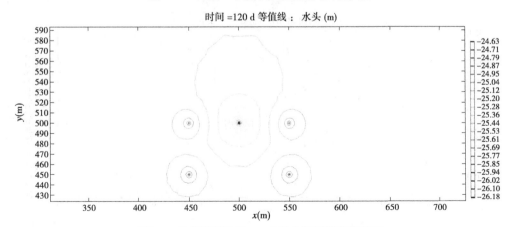

图 5-47　方案三运行 120 d 后水位埋深等值线图

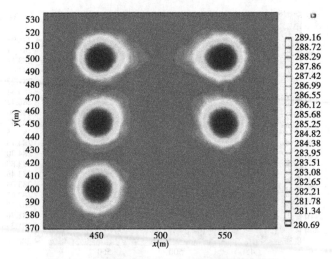

图 5-48　方案四运行 120 d 后的温度等值线图

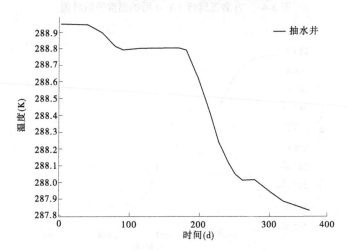

图 5-49　方案四中抽水井温度随时间的变化

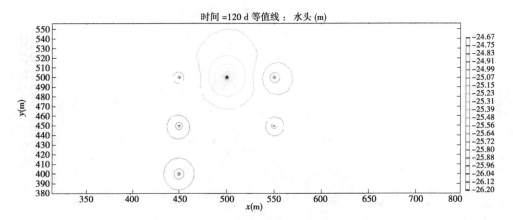

图 5-50　方案四运行 120 d 后水位埋深等值线图

三中 4 口回水井都能对抽水井形成有效补给,满足场地抽灌平衡的需要。所以,目前设计方案中,方案三的 1 抽 4 灌是最合理的抽灌比,也是极限抽灌比。

仅考虑热贯通时,合理的抽灌比为 1 抽 4 灌。下面分别对直线同侧布局 1 抽 2 灌、1抽 3 灌、1 抽 4 灌布井方案下,同时考虑沉降量和避免热贯通的情况进行研究。

从图 5-51~图 5-53 中可以看出,在不同抽灌比下且考虑沉降量时,随着回灌井数量的增加,抽水井附近的最大沉降量逐渐增大。热泵运行期间,1 抽 2 灌时距抽水井 10 m处最大沉降量为 3.58 mm,1 抽 3 灌时距抽水井 10 m 处最大沉降量为 3.7 mm,1 抽 4 灌时距抽水井 10 m 处最大沉降量为 3.8 mm。从图 5-54~图 5-56 中可以看出,随着回灌井数量的增加,抽水井温度降低的幅度越来越小,发生热贯通的程度逐渐减弱。在 1 抽 2 灌时,热泵运行 120 d 后(冬季抽灌运行期结束)抽水井温度降低了 1.56 K,热泵运行期间抽水井温度最大降幅为 3.71 K;1 抽 3 灌时,热泵运行 120 d 后(冬季抽灌运行期结束)抽水井温度降低了 1.43 K,热泵运行期间抽水井温度最大降幅为 3.15 K;1 抽 4 灌时,热泵运行 120 d 后(冬季抽灌运行期结束)抽水井温度降低了 1.37 K,热泵运行期间抽水井温度最大降幅为 3.12 K。总体来看,不同抽灌比情形下,抽水井附近最大沉降量值与热贯通程度是呈负相关的,回灌井数量越多,抽水井附近沉降量值越大,热贯通程度越小,相反则沉降值越小,热贯通程度越大。在同时考虑沉降量和避免热贯通情况时,合理的抽灌比取决于对实际场地对热泵井引起的沉降量及热贯通哪个要求更高。在 1 抽 2 灌、1 抽 3灌、1 抽 4 灌三种布井方案下,如果场地对热泵井引起的沉降量的要求比较高(场地建筑物的允许沉降量小),在含水层回灌能力足够时,则选取回灌井数量较少的方案;如果场地对热贯通要求比较高,则选择回灌井数量较多的方案。在同时考虑沉降量和避免热贯通情况时,要根据场地的实际情况来选择最为合理的抽灌比。

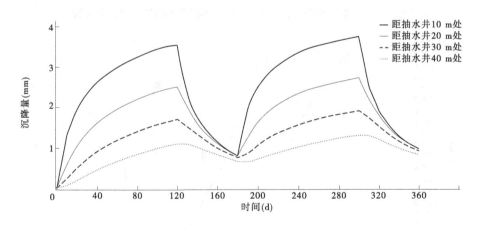

图 5-51　1 抽 2 灌下运行一个周期距抽水井不同距离处沉降量变化过程

5.3.1.2　合理布井方式

研究合理布井方式时,先根据西安地区水源热泵经验参数将抽灌井间距初步设为 50m,抽灌比为 1 抽 4 灌。根据实地调研,大都因实地场地区域条件限制,抽灌井主要分布

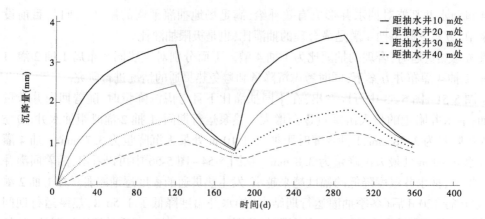

图 5-52　1 抽 3 灌下运行一个周期距抽水井不同距离处沉降量变化过程

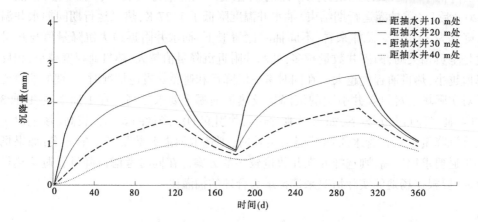

图 5-53　1 抽 4 灌下运行一个周期距抽水井不同距离处沉降量变化过程

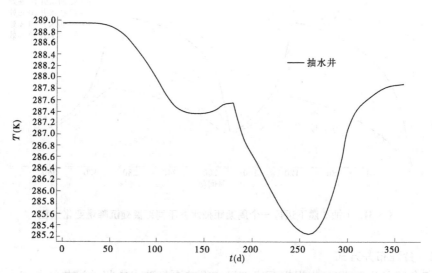

图 5-54　1 抽 2 灌(考虑沉降量)下抽水井温度随时间的变化

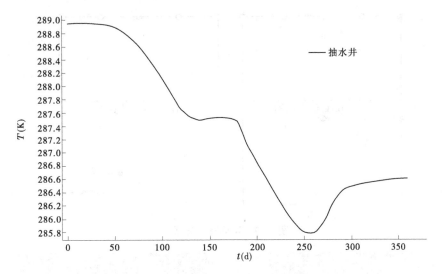

图 5-55　1 抽 3 灌(考虑沉降量)下抽水井温度随时间的变化

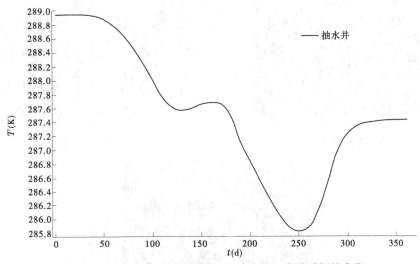

图 5-56　1 抽 4 灌(考虑沉降量)下抽水井温度随时间的变化

于围绕场地的外围矩形边界上(不同布局方式见图 5-57)。图 5-57 中同一条直线上两井间距为 50 m。通过调整抽灌井位置,主要布井方式有三种,直线型同侧(灌水井位于抽水井同一侧)、直线型异侧(灌水井位于抽水井两侧)、L 型(抽水井位于矩形顶点处)。对比不同布局方案下各回水井温度场影响范围和程度,在仅考虑抽水井热贯通程度时,选取相对最优布井方式。

图 5-58 是不同布局方案在冬季抽灌运行结束后(运行 120 d 后)的温度等值线图,各个方案中回水井附近的温度等值线都发生了不同程度的偏移,说明回水井都能对抽水井的水量进行补给,只是靠近抽水井的回水井附近的温度等值线偏移程度更大一些,对抽水井的水量补给能力更强一些。下面来比较在这三种布局方式下抽水井温度随时间变化的

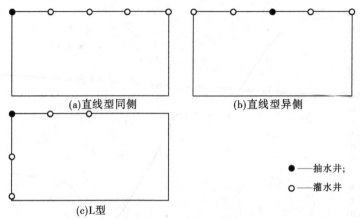

(a)直线型同侧　　　　　　　　(b)直线型异侧

(c)L型

●——抽水井;

○——灌水井

图 5-57　不同布井方式

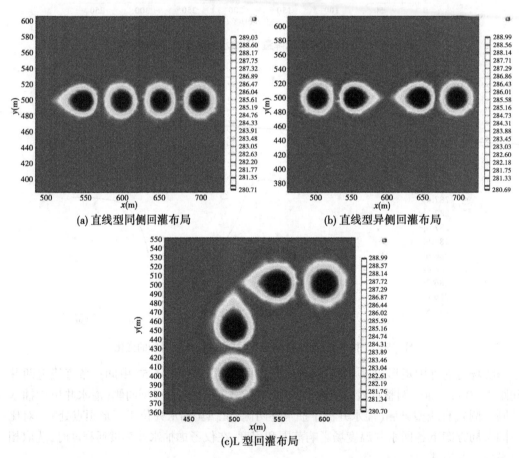

(a) 直线型同侧回灌布局　　　　　　(b) 直线型异侧回灌布局

(c)L 型回灌布局

图 5-58　不同布局方案在冬季抽灌运行 120 d 后的温度等值线图

过程。

　　从图 5-59 中可以看出,在不同布局方式下抽水井温度随时间的变化,虽然在冬季抽灌运行结束(0~120 d)三种布局方式下抽水井降低的温度相差不大,但总体相比之下,直线型同侧回灌布局方式抽水井温度降低最小,其次是直线型异侧布局方式,L 型布局下抽水井温度降低最大。仅考虑抽水井温度或者热贯通条件时,直线型同侧布局方式最为合理。

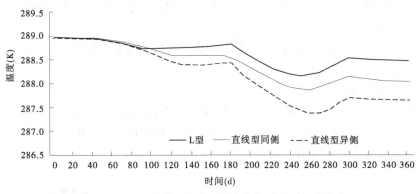

图 5-59　不同井布局方式下抽水井温度随时间的变化

5.3.1.3　合理井间距

为了保证地下水源热泵系统的开发利用效率,合理的抽灌井间距的布置十分重要,合理的井间距可以防止地下水源热泵系统运行过程中发生热贯通现象,从而提高其利用效率,同时可以指导设计部门合理布置钻孔,以免造成浪费。合理的井间距受到多种因素的影响,主要有含水层的水文地质、热物性参数、抽灌井布局和方式及热负荷值。研究合理的井间距,有效地提高水源热泵系统利用效能,保持良好的场地环境功能,不至于引起环境水文地质或安全问题。

不同场地对热负荷需求不一样,而热负荷主要与抽灌水量和回灌水温差相关。在考虑流热场耦合时,根据西安市目前水源热泵实际使用情况讨论在不同状态条件下(抽灌水量分别为 800 m^3/d、1 200 m^3/d、1 400 m^3/d 时,以及回水温差分别为 6 K、8 K、10 K 时)的合理井间距,可为对热负荷有不同需求的场地提供参考。合理井间距判断的主要依据:试算后,在上述不同状态条件下抽灌井井间距变化选择 25~45 m 的情况下抽水井温度变化幅度,考虑到热泵能允许最大的温度变幅是 2 K,当在某一井距条件下时,抽水井温度最大变幅刚好不超过 2 K 便为合理井间距。

1. 不同抽灌量

研究不同抽灌量对场地影响时,考虑回水温差为 8 K 情况。图 5-60~图 5-62 表示当回水温差为 8 K,抽灌水量分别为 800 m^3/d、1 200 m^3/d、1 400 m^3/d 时不同井间距抽水井温度随时间的变化。

西安水源热泵系统冬季运行 4 个月(从第一年 11 月 15 日至翌年 3 月 15 日),即第一个抽灌运行阶段(0~120 d),井间距小的产生很明显的热贯通现象(见图 5-60~图 5-65)。该阶段抽水井处温度变化呈典型的“对流—弥散”穿透曲线特征,井间距越小,抽水井温度下降越早,趋势越明显。春季停运 2 个月(翌年 3 月 15 日至 5 月 14 日),即第一个停运蓄存阶段(120~180 d),热量影响范围变化很小,扩散幅度也很小,抽水井处水温呈缓慢上升趋势。夏季仍采用冬季的抽灌井抽灌运行 4 个月(5 月 15 日至 9 月 15 日),即第二个抽灌运行阶段(180~300 d),冬季和春季形成的低温场仍然继续向外扩散,但在回灌井附近、原冷水中心处形成高温体,到夏季抽灌运行结束时,冷水体通过热交换吸收热水体的温度后也达到较高温度,和冬季类似的热贯通现象也有发生,井间距越小,抽水井处温度上升越早,升幅越大。秋季停运2个月,即第2个停运蓄存阶段(300~360 d),原冷水体向外扩散微弱,抽水井处水温缓慢降低。

图5-60~图5-62中抽水井处初始温度为288.95 K,在热突破精度为2 K时,抽水井处允许最低温度为286.95 K,最高温度为290.95 K。

1)抽灌水量为800 m³/d时

从图5-60中可看出,在井距25~35 m时抽水井温度变化较大,井距40 m、45 m时抽水井变化较为平缓。在回灌水温差为8 K、抽灌量为800 m³/d时,井距为27 m时抽水井温度在热泵运行期最大降幅刚好接近2 K即为上述热负荷条件下的合理井间距。

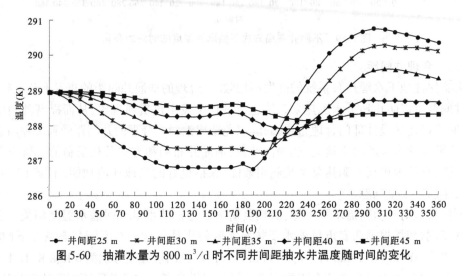

图5-60　抽灌水量为800 m³/d时不同井间距抽水井温度随时间的变化

2)抽灌水量为1 200 m³/d时

从图5-61中可看出,在井距25~40 m时抽水井温度变化较大,井距45 m时抽水井变化较为平缓。在回灌水温差为8 K、抽灌量为1 200 m³/d、井距为31 m时,抽水井温度在热泵运行期最大降幅刚好接近2 K即为上述热负荷条件下的合理井间距。

3)抽灌水量为1 400 m³/d时

从图5-62中可看出,在井距25~40 m时抽水井温度变化较大,井距45 m时抽水井变化较为平缓。在回灌水温差为8 K、抽灌量为1 400 m³/d、井距为33 m时,抽水井温度在热泵运行期最大降幅刚好接近2 K即为上述热负荷条件下合理井间距。

因此,回水温差为8 K,不同抽灌量条件下,合理井间距分别为:

(1)抽灌水量为800 m³/d时:合理井间距为27 m。

(2)抽灌水量为1 200 m³/d时:合理井间距为31 m。

(3)抽灌水量为1 400 m³/d时:合理井间距为33 m。

2.不同回灌水温差

研究不同回灌水温差对水源热泵合理井间距影响时,选择抽灌水量为1 200 m³/d进

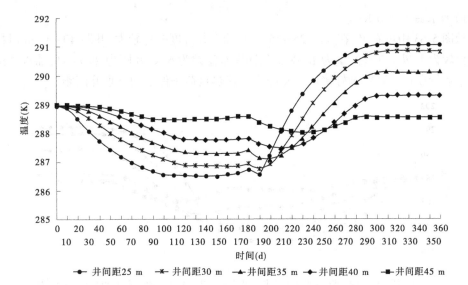

图 5-61　抽灌水量为 1 200 m³/d 时不同井间距抽水井温度随时间的变化

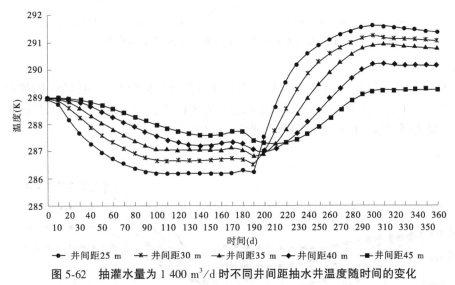

图 5-62　抽灌水量为 1 400 m³/d 时不同井间距抽水井温度随时间的变化

行研究。图 5-63～图 5-65 表示当抽灌水量为 1 200 m³/d,回水温差分别为 6 K、8 K、10 K 时不同井间距抽水井温度随时间变化的情况。不同抽灌水量和不同回水温差都是对热泵系统日均热负荷的改变因素。图 5-63～图 5-65 中在不同回水温差下不同井间距抽水井的温度随时间变化曲线与图 5-60～图 5-62 中在不同抽灌水量下不同井间距抽水井的温度随时间变化曲线在各个阶段(冬季抽灌运行期、春季停运蓄存期、夏季抽灌运行期、秋季停运蓄存期)的变化趋势一致,但是温度变化幅度有差别。这是由于不同抽灌水量和不同回水温差带来的热泵系统日均热负荷不同。

图 5-63～图 5-65 中抽水井处初始温度为 288.95 K,在热突破精度为 2 K 时,抽水井处允许最低温度为 286.95 K,最高温度为 290.95 K。

1）回水温差为 6 K 时

从图 5-63 中可看出,在井距 25～35 m 时抽水井温度变化较大,井距 40～45 m 时抽水井变化较为平缓。在抽灌量为 1 200 m³、回灌水温差为 6 K、井距为 29 m 时,抽水井温度在热泵运行期最大降幅刚好接近 2 K 即为上述热负荷条件下的合理井间距。

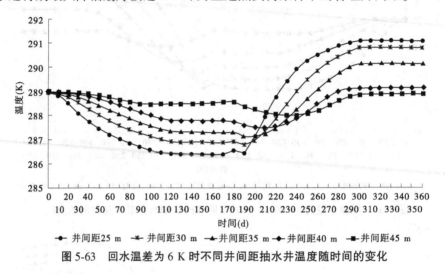

图 5-63　回水温差为 6 K 时不同井间距抽水井温度随时间的变化

2）回水温差为 8 K

从图 5-64 中可看出,在井距 25～40 m 时抽水井温度变化较大,井距 45 m 时抽水井变化较为平缓。在抽灌量为 1 200 m³、回灌水温差为 8 K、井距为 31 m 时,抽水井温度在热泵运行期最大降幅刚好接近 2 K 即为上述热负荷条件下的合理井间距。

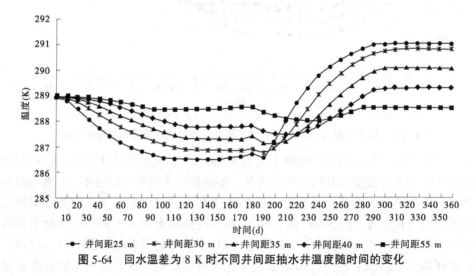

图 5-64　回水温差为 8 K 时不同井间距抽水井温度随时间的变化

3）回水温差为 10 K 时

从图 5-65 中可看出,在井距 25～40 m 时,抽水井温度变化程度较为明显,井距 45 m 时抽水井变化较为平缓。在抽灌量为 1 200 m³、回灌水温差为 10 K、井距为 34 m 时,抽水井温度在热泵运行期最大降幅刚好接近 2 K 即为上述热负荷条件下的合理井间距。

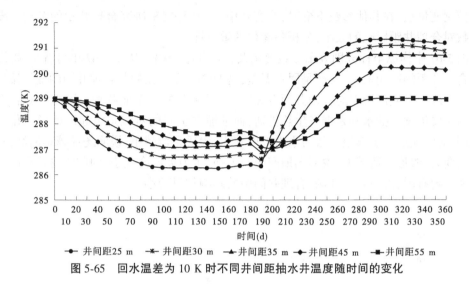

图 5-65 回水温差为 10 K 时不同井间距抽水井温度随时间的变化

因此,回水量为 1 200 m³/d,不同回水温差条件下,合理井间距分别为:

(1)回水温差为 6 K 时:合理井间距为 29 m。

(2)回水温差为 8 K 时:合理井间距为 31 m。

(3)回水温差为 10 K 时:合理井间距为 34 m。

上述研究表明,抽灌量和回水温差(也即热利用效能)对井间距影响较大。当抽灌量和回水温差都比较大时,合理井间距也随之变大。譬如在抽灌量为 2 500 m³/d、回灌水温差为 12 K、井距为 56 m 时,抽水井温度最大降幅刚好接近 2 K 即为上述热负荷条件下合理井间距,见图 5-66。实际应用中,应根据实际水文地质条件,结合实际抽灌水量和回水温差选取的合理井间距。

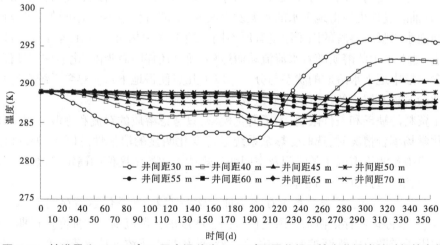

图 5-66 抽灌量为 2 500 m³/d、回水温差为 12 K 时不同井间距抽水井温度随时间的变化

3. 参数敏感性分析

影响合理井距的因素众多,其中影响比较大的参数有抽灌水量、回水温差、渗透率。

通过控制变量法,在其他参数不变时,改变其中一个变量,来研究合理井距的变化。根据各参数对合理井距影响的大小,分析各参数的敏感性。

图 5-67 中横纵坐标分别表示参数变幅及合理井距变幅。从图 5-67 中可看出,抽灌水量对合理井距的影响最大,其次是回水温差,这两个参数的变幅与合理井距的变幅接近线性变化。改变介质渗透率对合理井距有影响,但影响明显小于前两者。因为判断合理井间距的主要依据是抽水井是否发生热贯通,而抽灌水引起的对流是引起温度场变化的主要原因,对流速度等于渗透系数与水力坡度乘积,渗透系数越小,说明场地越难回灌,水力坡度会变大;渗透系数越大,说明场地回灌能力强,水力坡度会变小,因此渗透系数的变化对流速影响有限,进而对温度场、合理井间距的影响相对较小。

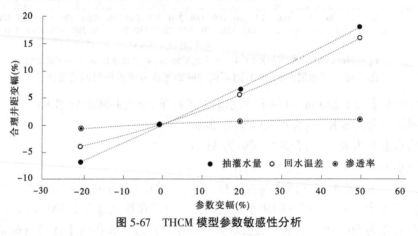

图 5-67　THCM 模型参数敏感性分析

5.3.2　地下水源热泵系统抽灌对地下水质的影响

由于管道的密封性问题,抽灌过程中的地下水与大气有一定接触,使得回灌水中的氧含量增加;抽灌过程也使得地下水的水温发生改变;抽灌过程中不同的抽灌速率也使得抽采水和回灌水中吸收溶解的因子浓度有所不同。地下水源热泵系统在运行时,通过不断地抽灌水,地下水中的溶质随着水流流动而运移,而且还伴随着吸附、化学反应过程,破坏了原有含水层中地下水溶质的状态与分布。以上几点使得地下水源热泵系统在运行时不可避免地会对含水层中的地下水水质造成一定的影响。

由于资料的缺乏和条件限制,为了简化模型,只考虑溶质的对流和弥散作用。在考虑流、热、化学场耦合情况时,选取受热泵系统运行变化明显的溶解性总固体(TDS)作为模拟因子。模拟预测模拟因子随时间及空间变化规律。初始浓度值的确定参照水质监测结果,TDS 初始浓度为 350.00 mg/L。

图 5-68(a)~(d)表示热泵系统在冬季抽灌运行期末、春季停运蓄存期末、夏季抽灌运行期末、秋季停运蓄存期回水井附近模拟因子浓度的扩散范围。在抽灌运行期,回水井附近模拟因子扩散范围逐渐扩大。在停运蓄存期,模拟因子浓度扩散范围变化不明显。

从图 5-69 中可以看出,冬季抽灌运行期模拟因子的浓度上升。这是因为热泵运行时,含水层中水流不断往抽水井处运移,水流中溶质通过对流弥散作用聚集在抽水井附近,使得抽水井附近的 TDS 浓度升高。春季停运蓄存期 TDS 降低,分析原因可能是含水层中水流对流能力降低,抽水井附近在抽灌期形成的高 TDS 水体向低 TDS 水体运移,这是由弥散作用导致溶质运移。同样夏季抽灌运行期抽水井附近水体中 TDS 浓度升高、秋季停运蓄存期水体 TDS 下降,机制与冬季抽灌运行、春季停运蓄存期一样。一个周期运行结束后,TDS 浓度基本上能回到初始浓度。

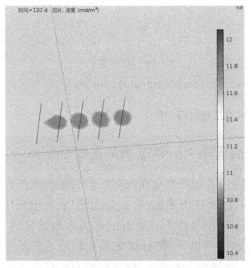

(a) 冬季抽灌期结束 TDS 浓度变化趋势

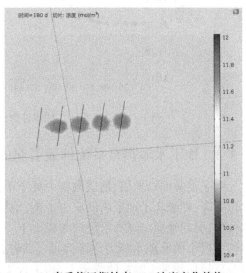

(b) 春季停运期结束 TDS 浓度变化趋势

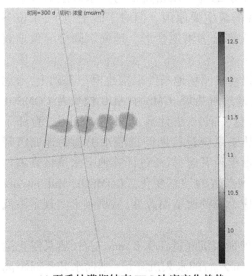

(c) 夏季抽灌期结束 TDS 浓度变化趋势

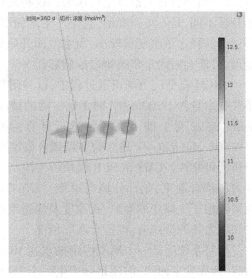

(d) 秋季停运期结束 TDS 浓度变化趋势

图 5-68　一个运行周期 TDS 浓度变化云图

由模拟结果可知,热泵系统对地下水水质的周期循环有一定的影响,但影响范围不大。在抽灌期受抽灌井影响区域流场中水体的 TDS 会升高,在停运期 TDS 浓度升高的现象会得到缓解。

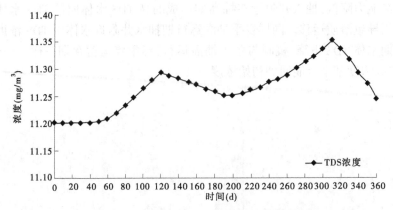

图 5-69　抽水井附近 TDS 浓度随时间变化

5.3.3　地下水源热泵系统抽灌引起的地面沉降——建筑物最优安全距离

对于正常固结地层,地层内应力处于平衡状态,不会产生地面沉降,但如果抽水引起水位下降,则破坏了地层内的应力平衡,地层内孔隙水压力降低,有效应力增加,将出现压缩变形,引起地面沉降。水位的大幅度下降,使砂层和黏性土层原有的水力平衡被破坏,黏性土层中的孔隙水压力逐渐降低,随着孔隙水的排出,一部分原来由孔隙水承担的上覆载荷转移到黏土颗粒的骨架上,黏土骨架承受的有效应力增加,使土层原有的结构被破坏,并重新组合排列造成土层压密。这种黏性土层的释水压密特征与含水砂层的释水压密特征不同,是不可逆变形,它是产生地面沉降的最主要原因。但对于砂土地层,水位下降引起的释水压密变形较小,而水位回升后绝大部分为可逆变形。地面沉降会导致地表变形,可能会对附近建筑物造成破坏。

THCM 模型应力场识别过程中,以神州数码科技园场地条件来构建模型基础上,考虑单井抽水量为 1 200 m³/d 时 1 抽 1 灌的情况,通过解析解、GMS 中 SUB 模块及 COMSOL Multiphysics 对 1 抽 1 灌算例进行计算,并将这三种方法计算结果进行对比,验证了 COMSOL Multiphysics 建立的多场耦合模型对热泵系统运行期间抽灌水引起的地面沉降分析的可靠性。GMS 中 SUB 模块将渗流与变形单独考虑,只通过计算地下水位将流场与应力场耦合起来,是部分耦合模型,没有考虑到参数的动态变化。COMSOL Multiphysics 模型考虑了土体变形参数、孔隙度及渗透率随应力场的改变而改变,从机制上实现了渗流场和应力场的全耦合,更符合实际情况。

热泵系统运行一个周期内距抽水井 10 m 处最大沉降量在 3.8 mm 左右,热泵停止运行后,地面发生回弹,但还是会产生一个 1.06 mm 左右的永久沉降量(距抽水井不同距离处产生的永久沉降量不一致),距抽水井 10 m、20 m、30 m、40 m 处最大沉降量及永久沉降量见表 5-7。

随着回灌井数增大,距抽水井不同距离处最大沉降量及永久沉降量都是逐渐减小的,为抽灌井离建筑物最优安全距离提供参考。1 抽 4 灌条件下距抽水井不同距离处沉降量变化见图 5-70,相比相同抽水量条件下的 1 抽 1 灌算例(距抽水井不同距离处沉降量变化见图 5-38),主要不同是前者随着远离抽水井沉降量稍有变大。这是因为 1 抽 4 灌条件下,每口回水井回水量相比 1 抽 1 灌条件下少,受水位下降影响的区域范围大,因此抽水井抽水引起地面沉降范围增大。不同建筑物(高铁、地铁及住宅楼、办公楼等)对允许地面沉降量要求不同,可根据计算结果选择合理的安全距离。

表 5-7　不同抽灌条件井布局下距抽水井不同距离处最大沉降量及永久沉降量值

方案	距抽水井 10 m 处		距抽水井 20 m 处		距抽水井 30 m 处		距抽水井 40 m 处	
	最大沉降量(mm)	永久沉降量(mm)	最大沉降量(mm)	永久沉降量(mm)	最大沉降量(mm)	永久沉降量(mm)	最大沉降量(mm)	永久沉降量(mm)
1 抽 1 灌	3.46	0.8	2.54	0.78	1.8	0.74	1.24	0.68
1 抽 2 灌	3.6	0.94	2.61	0.93	1.82	0.88	1.25	0.76
1 抽 3 灌	3.68	0.98	2.63	0.96	1.84	0.9	1.27	0.78
1 抽 4 灌	3.8	1.06	2.71	1.05	1.88	0.96	1.28	0.83

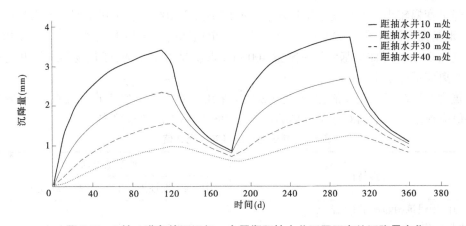

图 5-70　1 抽 4 灌条件下运行一个周期距抽水井不同距离处沉降量变化

图 5-71 为 1 抽 4 灌条件下热泵系统运行 5 年内距抽水井不同距离处沉降量变化图,随着热泵系统运行年限的延长,距抽水井不同距离处发生的最大沉降量及产生的永久沉降量逐渐增大然后趋于稳定。在热泵系统运行了 1 年、3 年、5 年后距离抽水井 10 m 处产生的最大沉降量分别为 3.8 mm、3.94 mm、3.99 mm,产生的永久沉降量分别为 1.06 mm、1.3 mm、1.32 mm。

根据现行《建筑地基基础设计规范》(GB 50007),建筑物的地基变形允许值见表 5-8,地基沉降属地基变形:

(1)中、低压缩性土时:建筑高度不大于 250 m 取 200 mm。

(2)高压缩性土时:建筑高度不大于 100 m 取 400 mm;建筑高度在 100~200 m 取 300 mm;建筑高度在 200~250 m 时取 200 mm。

不同抽灌比下热泵系统在一个运行周期结束后的最大沉降量及永久沉降量已给出(见图 5-51~图 5-53),建筑物与抽灌井之间的合理距离应根据不同建筑物类型对地基变

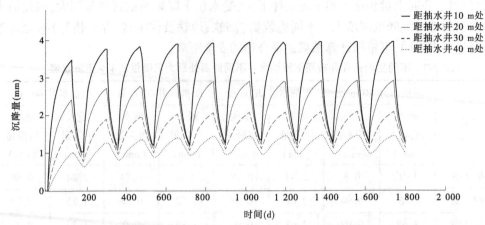

图 5-71　1 抽 4 灌条件下运行 5 年后距抽水井不同距离处沉降量变化

形允许值来确定。在 1 抽 4 灌布局下(见图 5-70),热泵运行一个周期内:距抽水井 10 m 处最大沉降量为 3.8 mm,永久沉降量为 1.06 mm。由图 5-71 可以看出,运行 3 年、5 年后最大沉降量变幅较小。对于场地附近建筑物高度不大于 100 m 且下伏土层主要为高压缩性土时,地基允许沉降量为 400 mm。热泵井在一个周期内产生最大沉降量 3.8 mm 和永久沉降量 1.06 mm 对此地基允许沉降量 400 mm 来说是可接受的,建筑物与抽灌井之间的合理距离应不低于 10 m。

建筑物的地基变形允许值,按照表 5-8 规定采用。对表中未包括的建筑物,其地基变形允许值应根据上部结构对地基变形的适应能力和使用上的要求确定。

表 5-8　建筑物的地基变形允许值

变形特征	地基土类别	
	中、低压缩性土	高压缩性土
工业与民用建筑相邻柱基的沉降差		
(1)框架结构	0.002 1	0.003 1
(2)砌体墙填充的边排柱	0.000 71	0.001 1
(3)当基础不均匀沉降时不产生附加应力的结构	0.005 1	0.005 1
单层排架结构(柱距为 6 m)柱基的沉降量(mm)	(120)	200
体型简单的高层建筑基础的平均沉降量(mm)	200	
高耸结构基础的沉降量(mm)		
$H_g \leqslant 100$	400	
$100 < H_g \leqslant 200$	300	
$200 < H_g \leqslant 250$	200	

注:1. 本表数值为建筑物地基实际最终变形允许值;

　　2. 有括号者仅适用于中压缩性土;

　　3. l 为相邻柱基的中心距离(mm);H_g 为自室外地面起算的建筑物高度(m);

　　4. 倾斜指基础倾斜方向两端点的沉降差与其距离的比值;

　　5. 局部倾斜指砌体承重结构沿纵向 6~10 m 内基础两点的沉降差与其距离的比值。

5.4　计算结果分析

　　基于室内砂槽试验及西安城区典型野外试验场地(神州数码科技园)资料及监测数据,利用 COMSOL Multiphysics 有限元仿真数值模拟软件构建了能反映西安地区水文地质特征的 THCM(渗流场、温度场、化学场和应力场)四场耦合模型。报告研究表明:

　　(1)分别对室内砂槽试验和野外示范试验场地(神州数码科技园)构建了四场耦合模型,经室内试验数据、野外场地实测数据以及不同计算模型的验证报告,所建 THCM 模型可以较好地拟预测场地多场运移特征及规律,能指导西安地下水源头热泵系统的安全、合理、高效利用。

　　(2)主要考虑避免热贯通情况下,基于目前典型场地的研究结果表明,西安水源热泵系统在抽水量为 1 200 m³/d 条件下,最合理的抽灌比为 1 抽 4 灌,且考虑水量均衡时,1 抽 4 灌为极限抽灌比。直线型同侧布局方式为最佳布井方式。

　　(3)抽灌水量为 1 200 m³/d 时,场地参数及水源热泵运行方案接近报告示范场地条件下,回水温差 6 K、8 K、10 K 所对应的合理井间距分别为 29 m、31 m、34 m。当回水温差为 8 K 时,抽灌水量 800 m³/d、1 200 m³/d、1 400 m³/d 所对应的合理井间距分别为 27 m、31 m、33 m。当抽水量达到 2 500 m³/d、回水温差为 12 K 时,合理井间距为 56 m。合理井间距可以防止地下水源热泵系统运行过程中发生热贯通现象,从而可以提高热泵系统利用效率。

　　(4)影响合理井距的因素众多,通过控制变量法对影响井距的抽灌水量、回灌水温差、渗透率进行研究表明,抽灌水量及回灌水温差是影响合理井距的主要因素。

　　(5)在灌注水水质未产生较大变化的前提下,由模拟结果可知,热泵系统对地下水水质的周期循环有一定的影响,但影响范围不大。在抽灌期受抽灌井的影响,区域流场中水体的 TDS 会升高,在停运期 TDS 浓度升高的现象会得到缓解。

　　(6)以神州数码科技园场地条件构建模型基础上,考虑单井抽水量为 1 200 m³/d、回水温差为 8 K 时 1 抽 4 灌的情况,模型计算在热泵系统运行了 1 年、3 年、5 年后距离抽水井 10 m 处产生的最大沉降量分别为 3.8 mm、3.94 mm、3.99 mm,产生的永久沉降量分别为 1.06 mm、1.3 mm、1.32 mm。合理井间距应不低于 10 m。

　　(7)靠近抽水井位置区域的地面沉降量大于远离抽水位置区域的,随着远离抽水井,沉降量变小。在抽水初期的地面沉降发展迅速,在抽注、停抽循环交替条件下,随着时间有逐渐减弱趋于稳定的趋势。以地面沉降解析解为参照,相比 GMS 中 SUB 模块,COMSOL 流固耦合模型中基于比奥固结理论且考虑了土体变形过程中孔隙度及渗透率的动态变化,计算结果更符合实际情况。

第 6 章　水源热泵系统运行影响分析

本章主要结合第 3 章现场监测数据分析、第 4 章室内砂槽试验、第 5 章数学模型的模拟分析,总结不同情况下地下水源热泵系统运行对渗流场、温度场、化学场和应力场的影响结果。

6.1　地下水源热泵系统运行对渗流场与温度场的影响

6.1.1　抽灌量影响分析

6.1.1.1　渗流场变化规律

抽、灌水共同作用会使地下水发生强迫对流作用加强,使天然流场的作用被忽略。在强迫对流作用的影响下,经过一定的时间形成新的渗流稳定场,当新的渗流稳定场形成之后,流贯通也将出现。

具体为,随着抽水井、灌水井的运行,地下水含水层受影响的范围不断扩大,在短时间内,抽水井和灌水井的影响范围相对较小;地下水位只有在距离双井较近范围之内才有明显的变幅,在其他区域基本上保持了原始地下水流场的性质,随着双井运行时间的延续,双井的影响范围明显扩大,而随着双井的继续运行,抽水井的影响范围明显扩大,而在双井运行到一定时间之后,地下水的等水位线开始达到平稳。

抽灌水井的渗流速度大于周围区域的渗流速度,这是因为单位时间抽灌水量很大。随着抽水量的变化,井水位的稳定时间有所变化,且随着抽、灌水量的增加,井水位受抽、灌井的影响显著变化,而稳定时间也相应减少,出现流贯通的时间缩短。

6.1.1.2　温度场变化规律

由于回灌水温与原始含水层温度存在的差异,在导热和对流等作用下,回灌井水"温度锋面"会导致邻近抽水井出水温度有不同程度的升高或降低,通常称为热贯通现象。

抽灌井的抽灌量越大,抽灌井之间的水力坡度和渗透流速越大。结合砂槽试验分析结果,水源热泵系统运行过程中,抽灌井附近的热传递方式以对流传热为主,而对流传热强弱主要取决于地下水流速的增大。抽灌流量增大时加快了热交换速度,水流冷锋面(或热锋面)运移速度加快,灌水井处的低温冷锋面(或高温热锋面)逐渐向抽水井方向扩散,温度变化影响区域加大。

因此,抽灌流量越大,抽灌区地下水流速越快,单位时间内对流传热量越大,温度变化就越大,发生热突破所用的时间就越少,即符合图 4-56 所得出的结论。由图可以看出,供暖季砂槽模拟时,流量 $0.03 \sim 0.23$ m³/h 增加的过程中,砂槽内部温度降低的趋势在 0.2 ℃左右,渗流场流量与温度场温度成反比关系。当流量增大时,砂槽槽体内温度降低,温度场的影响范围越大;反之,在制冷季回灌流量越大,抽灌井附近温度越高,影响范围越大。

灌水量对渗流速度的大小影响很大,灌水量的增加使渗流速度变大。渗流速度过大,地下水循环过快加快热突破现象,因此从这个角度来说,要适当地增加抽灌水井的间距。

6.1.2　抽灌井布局影响分析

水源热泵系统在实际运用中,抽灌井之间的布局方式通常有可以划分为"线形分布"、"三角分布"或"L 分布"、"扇形分布"等多灌分布。以下结合第 4 章室内砂槽试验、第 5 章数学模型的模拟分析数据,对不同的抽灌井分布方式、不同抽灌比、不同抽回灌井间距等情况,进行渗流场与温度场变化规律分析。

6.1.2.1　渗流场变化规律

(1)不同的布局模式下,渗流速度的峰值均出现在抽灌井的中心区域,抽灌水井周围区域的渗流速度逐渐递减,这是由抽灌水作用引起的,抽灌水井之间相互叠加,渗流速度大于抽灌水井外边界的渗流速度。

(2)随着抽灌水井距的增加,抽水井水位降深也随着增加。线形异侧分布下,回灌水井水位降深的绝对值比较小,主要是因为抽水井在中间,抽水井在抽水过程中产生降落漏斗,回灌井处于降落漏斗的两侧,比较易于回灌。

(3)抽灌水井距的增加会使井的渗流速度叠加作用减弱。渗流速度过大,地下水循环过快,加快热突破现象,从这个角度来说,要适当地增加抽灌水井的间距。

6.1.2.2　温度场变化规律

1.抽灌井布局影响

1)线形分布

线形分布分为线形异侧分布和线形同侧分布。由图 4-51、图 4-52 可以看出:

(1)线形异侧分布。中间抽水井温度高于两侧回灌水井温度,温度等值线基本呈现出平面对称的特点。

(2)线形同侧分布。抽水井温度较灌水井稍高,临近抽水井的灌井温度最低,其次是远离抽水井的灌水井温度次之的规律,主要是由于抽水使得灌水井水流向抽水井附近流动,低温水流在临近灌水井的周围得到叠加,逆水流方向的温度变化较小。

从室内砂槽试验模拟的结果来看,线形分布渗流速度一定时,温度场沿渗流速度的方向拉伸,线形同侧分布时,灌水井对抽水井周围温度场的影响更为明显,灌水井周围的温度变化速率非常快。

由图 5-59 可以看出,冬季抽灌运行结束(0~120 d)不同布局方式下抽水井降低的温度相差不大。但相比之下,直线型异侧布局较直线型同侧布局温度变化大。因此,仅考虑抽水井温度或者热贯通条件时,直线型同侧布局方式最为合理。

2)三角分布

由图 4-53 分析推理可知,抽水井温度高于两侧灌井温度,受冷(热)锋面叠加影响,抽井温度都不同程度地受到影响而降低(升高)。

3)扇形分布

扇形布局不同模拟井间距条件下的温度等值线图(见图 4-54)可知,抽水井局部温度高于灌水井附近温度,受灌井冷锋面叠加影响,三个灌井之间形成一个温度相对较低的低温区域。

综上,三种抽灌井布局对温度场的影响主要表现为:

(1)由于回灌水温与原始含水层温度存在的差异,在导热和对流等作用下,距离较近时,采暖季抽井与灌井或灌井与灌井之间都会受冷锋面(或制冷季热锋面)运移作用而相互叠加影响,使得灌井附近形成一个低(或高)温区域,邻近抽井温度都不同程度地受到影响而降低。

(2)采暖季,渗流速度一定时,温度场沿渗流速度的方向拉伸,抽水井局部温度均稍高于(或制冷季低于)灌水井附近温度,灌水井对抽水井周围温度场的影响较为明显,灌水井周围的温度变化速率非常快。

(3)温度场影响域主要向抽水井方向运移,逆水流方向的温度变化较小。

(4)直线型同侧回灌布局方式的抽水井温度降低最小,其次是直线型异侧布局方式,L型布局下抽水井温度降低最大。仅考虑抽水井温度或者热贯通条件时,直线型同侧布局方式最为合理。

2. 抽灌方式影响

不同抽灌方式,是指在原有抽灌井布局基础上增减抽灌水井个数,原有抽灌井布局不变,即不同抽灌比方案。

不同抽灌比不同流量下的试验结果(见表4-12)及不同抽灌比条件下的井间距对比分析(见图4-45)可知,同一井间距条件下抽灌比越大达到热突破的流量越大,也就是说随着抽灌比的增加,热突破的有所减缓。

对比不同抽灌比方案下运行 120 d 温度等值线图(见图 5-41、图 5-43、图 5-45、图 5-48)可知,供暖季随着抽灌比的加大,抽水井温度降低程度变小,当抽灌比大于 1 : 4 时,系统运行期间没有发生热贯通。

根据数学模拟计算不同抽灌比情况下流场结果表明,同时考虑避免热贯通和回灌情况,抽水量为 1 200 m³/d 条件下,直线同侧布局时,距抽水井最远处的回灌井中回灌的水能完全回灌到抽水井中,而 1 抽 4 灌布局的最远的井回灌水大部分能回到抽水井中。考虑水量均衡,1 抽 4 灌为极限抽灌比,此时,最合理的抽灌比为 1 抽 4 灌,直线型同侧布局方式为最佳布井方式。

因此,在抽灌井总数一定的前提下,为了维持较高或较低的抽水井温度,应适当减少抽水井数量,增大回灌井的数量,也就是增大抽灌比。所以,实际工程中为了延缓和减轻热贯通,应在抽灌井数量一定的前提下,结合考虑回灌情况,适当增加回灌井数量。

3. 井间距影响

1)抽水井和回灌井不同间距

抽、灌井之间的距离越小,抽水井发生热突破所需时间越短,抽水温度变化幅度越大(见图4-51~图4-54)。随着抽灌井间距的增加,回灌井的冷锋面(或热锋面)距抽水井的距离也越大,其影响主要表现为:

(1)抽灌井距增加时,回灌井对抽井冷锋面(或热锋面)的影响越来越弱,"线形异侧分布"、"三角分布"以及"扇形分布"抽水井的温度均随着抽灌井距的增加而升高或降低,变化的程度上"线形异侧分布">"三角分布">"扇形分布"。

（2）随着抽、灌井距的增加，抽水井附近的温度逐渐上升（或下降），回灌井周围的低温区（或高温区）域均逐渐减小。"线形异侧分布"和"三角分布"抽灌过程对地下水温度的影响逐渐减小，且热贯通现象逐渐变弱，"三角分布"灌井之间的相互影响越来越小，温度场等值线图最终由一个长椭圆形形成各自椭圆形；而"线形同侧分布"时，热贯通可能性降低，但抽水井附近温度变化不显著；在"扇形分布"时，热贯通现象仍然存在。

因灌水量、渗流速度对温度场的变化明显，抽灌井间距不同，抽水井温度也不一样，如果抽灌水间距很小，灌水井、抽水井的温度影响很大，就会产生热突破现象，因此要尽量地增加抽灌水间距，但是由于现场环境的影响，抽灌水间距也不能无限增大，而且抽灌水间距过大，抽水井的补给问题也很突出，所以抽灌水的间距对温度场的影响很明显。

2）抽水井与抽水井和回灌井与回灌井间距

在抽水井和回灌井间距一定的条件下，抽水井之间的间距和回灌井之间的间距也对地下水温度场产生重要的影响。随着抽水井之间、回灌井之间间距的缩小，抽水井的温度加剧变化；抽水井之间、回灌井之间间距的增大，抽水井的温度变化越来越小。当抽水井之间、回灌井之间间距过小时，不但会使抽水井的温度变化加剧，使发生热突破的时间减少，而且还会由于间距过小产生群井干扰，对各个抽水井的温度产生影响。因此，群井的设计和布置不仅要考虑到抽水井和回灌井之间的距离，还要考虑到抽水井与抽水井、回灌井与回灌井之间的距离问题。

6.1.3　水文地质参数影响分析

水文地质条件的差异也会对水源热泵的开发利用产生重要影响。在抽灌井结构相同的情况下，含水层的储水量大小主要取决于场地的水文地质条件，地下水文地质条件优越，不仅会使抽水井抽水能力增强，也会加大回灌井的回灌能力，反之亦然。表征水文地质条件的参数有含水层的厚度、渗透率、给水度、有效孔隙度等，上述参数的变化往往能够对地下含水层的储水、给水能力产生重要影响。潜水含水层的主要介质为砂类介质，细砂、中砂及粗砂类。

由于条件所限，并未开展水文地质参数不同时，砂槽试验模拟，主要结合第 5 章数学模拟以及吉林大学的《群井抽灌地下 TH 耦合模型及影响因素研究》等文献及研究模拟基础资料，对此进行总结分析。

6.1.3.1　砂类介质渗透系数和孔隙度影响

潜水含水层的松散岩类孔隙型含水层介质，其渗透性和有效孔隙度往往具有相互关联的特点，渗透系数和孔隙度往往是一一对应关系，不同的渗透系数和孔隙度导致含水层的水热运移的不同。

由第 5 章分析可知，抽灌水引起的对流是引起温度场变化的主要原因，对流速度等于渗透系数与水力坡度乘积，渗透系数越小，说明场地越难回灌，水力坡度会变大；渗透系数越大，说明场地回灌能力强，水力坡度会变小，因渗透系数的变化对流速影响有限，进而对温度场的影响也相对较小。

所以，在抽水井、回灌井相同抽灌量和井的几何参数条件相同下，含水层渗透性和有效孔隙度二者的变化对抽水井的温度影响不大。不同含水层介质的温度场变化也很小。冷锋面(或热锋面)距离抽水井的位置几乎没什么变化。渗透系数和孔隙度的变化对地下水温度场的变化没有显著影响。

6.1.3.2 砂类介质渗透系数比的影响

含水层渗透系数比是指在含水层水平渗透系数相等的情况下($K_x = K_y$)与含水层竖直渗透系数 K_z 之比,反映了含水层渗透系数各向异性的程度。

随着渗透比的提高,即水平渗透率不断升高的情况下,抽水的温度也在不断降低(或升高)。在水平渗透率不变,渗透比变大,即垂向渗透率变小的情况下,温度降幅反而变大,说明水平渗透率的增加,垂向渗透率的降低,使水流在水平方向的流动大于垂直方向的流动,导致回灌井的冷锋面(或热锋面)在水平方向上加速向抽水井移动,抽水井温度变化加大,增大发生热突破的机会。

6.1.3.3 含水层厚度的影响

在一定的水文地质条件下,含水层厚度大小反映了含水层储水能力的大小,在天然含水层中,随空间位置不断变化,含水层的厚度通常不均一。含水层厚度的变化对抽水井温度影响变化较大,随着含水层厚度的增大,抽水井的温度变化幅度就越来越小,温度锋面距离抽水井的距离也就越大。

含水层的厚度太小,会使单口抽水井的出水量过小,在一定最大需水要求下,系统所需抽水井的数目会相应增加,最终导致热泵系统造价增高;含水层的砂层力度大,含水层的渗透系数也大,一方面单井的出水量会增大,另一方面地下水的回灌量会增大,回灌比较容易,导致贯通现象。所以,国内的地下水源热泵基本上都选择地下含水层为砾石和中粗砂的地域,而避免在中细砂区域建设水源热泵工程。

6.1.4 热贯通冷热锋面的移动速率

渗流场与温度场相互作用的过程实际上就是热能与水的势能在砂槽内部动态调整过程,抽水井温度随着抽水量的增加而下降,两场最终达到一个动态平衡状态。

冬季抽灌运行期(120 d)中,1 抽 2 灌、1 抽 3 灌、1 抽 4 灌、1 抽 5 灌情况下,抽水井温度分别在热泵系统运行 20 d、30 d、35 d、40 d 后开始降低,温度最大降幅分别为 3.35 K、3.15 K、1.57 K、1.1 K。1 抽 2 灌与 1 抽 3 灌下分别在冬季运行期结束后抽水井温度降低 2.05 K、1.95 K 时发生或接近热贯通。1 抽 4 灌与 1 抽 5 灌没有发生热贯通。随着回水井的增加,回水井附件温度等值线发生偏移程度变弱,有助于降低发生热贯通的程度。抽灌水量不同时,不同井间距抽水井的温度随时间变化曲线在各个阶段的变化趋势一致,但由于回水温差不同等带来的热泵系统日均热负荷不同,温度变化幅度有差别。抽水量越小,冷锋面到达抽水井的时间就越长,即抽水井发生热突破所需要的时间越长;抽水量越大,发生热突破所用的时间就越少。抽灌井的布局方式对抽水井温度随时间变化影响不大。

在整个热泵系统运行周期中:抽水井温度在冬季抽灌运行期随时间变化逐渐下降,温度变化呈典型的"对流—弥散"穿透曲线特征,井间距越小,抽水井温度下降越早,热贯通现象越明显。春季停运蓄存期抽水井温度逐渐稳定,并呈现缓慢上升趋势。夏季抽灌运行期开始,冬季和春季形成的低温场仍然继续向外扩散,抽水井温度逐渐降至最低点,但在回灌井附近、原冷水中心处形成高温体。到夏季抽灌运行结束时,冷水体通过热交换吸收热水体的温度后也达到较高温度,发生类似冬季的热贯通现象,井间距越小,抽水井处温度上升越早,升幅越大。在秋季停运蓄存期,原冷水体向外扩散微弱,抽水井处水温缓慢降低,趋于稳定。

6.2　地下水源热泵系统运行对渗流场与化学场的影响

地下水处于与大气隔绝的地下含水层中,水中溶解氧很少,生物氧化作用还会产生 CO_2 和 H_2S 等还原性气体。地下水在地层渗流的过程中,岩层中的矿物质溶解于水中,使得其主要离子组成由低矿度的淡水类型转化成为高矿化度的咸水类型。常见的有钙、镁、铝、铁等离子的重碳酸盐、硫酸盐、硅酸盐、氯化物等。地下水源热泵系统在运行时,通过不断地抽灌水,地下水中的溶质随着水流流动而运移,而且伴随着吸附、化学反应过程,破坏了原有含水层中地下水溶质的状态与分布,同时渗流场通过流量变化影响地下含水介质及水温变化,而温度的变化会引起一系列的化学反应并且会影响到矿物的溶解沉淀,以上几点使得地下水源热泵系统在运行时不可避免地会对含水层中的地下水水质造成一定的影响。渗流场与化学场耦合作用实际上是多孔介质裂隙面渗流、表面矿物化学溶解、溶质运移三个过程相互作用、相互影响的结果。渗流场对化学场的作用主要表现在溶质运移的压力、流速、饱和度、水动力弥散以及水分变化对固-气溶解、沉淀和溶质阻滞的影响,从而影响了化学反应,最终导致化学场重新分布。化学场对渗流场的影响主要表现在由于化学反应作用导致气体溶解与析出以及固相溶解与沉淀,从而引起流体黏滞性与渗透性的改变。地下水源热泵运行时,抽灌水过程使含水层内部径流加强,岩土体孔隙或裂隙表面的某些矿物成分(如方解石等) 由于化学溶蚀作用将发生化学溶解,导致裂隙面开度分布的改变,裂隙的渗透特性因化学溶解作用发生了改变,导致含水层的渗流场发生重分布。

对比枫林九溪水源热泵原水与试验场地地下水、砂槽试验不同时期的水样对比可知,五种水体在溶解性总固体(TDS) 含量、水化学类型、主要离子含量等方面均有较大差距;原水水样的阴离子含量以 HCO_3^- 为主,TDS 含量与砂槽试验场地下水相比较低,而砂槽试验场地下水中阴离子以 SO_4^{2-} 为主,表明两种地下水的赋存环境和径流环境有着明显的区别。砂槽试验前期、中期和后期的水化学类型相似,但是各种离子含量也略有变化,说明在试验模拟抽灌过程中,可能由于温度的变化引起了部分离子之间的化学反应,从而造成了部分成分的溶解沉淀。

在地下水源热泵运行过程中,由于受地下水温度影响,水源热泵采灌系统运行对含水层水质造成影响,由于温度变化,地下水中离子组成成分会发生变化,组成含水层的主要矿物质文石、菱铁矿、岩盐、赤铁矿、白云石、石膏等物质会发生不同程度的沉淀溶解。

在抽灌期受抽灌井影响区域流场中水体的 TDS 会升高,在停运期 TDS 浓度升高的现象会得到缓解。总硬度、TDS、SO_4^{2-} 等较稳定的化学组分浓度呈供暖初期波动较大、中后期渐稳定的变化趋势。铁、锰、氟离子等组分浓度较低,随时间的变化幅度也较小。另外,距抽灌井越远,其各组分浓度变化幅度越小。

距离抽灌井距离越短,机械弥散作用越强烈,而随着距离和时间的增加,液体一方面被稀释,一方面受重力作用在垂向上形成浓度分异。

地下水温度场在夏季回灌水的温度高,土壤和水中的一些嗜热微生物活性增强,加快生长速度,促进新陈代谢,冬季回灌井附近的温度较低,微生物的新陈代谢速度放缓,而回灌井改变原来的恒温状况,温度不停地变化,破坏原有的生物平衡,不能建立新的平衡,使得地下水中的化学成分发生变化,污染地下水。

6.3　地下水抽回灌对含水层应力场的影响

2016 年 7 月至 2017 年 11 月对神州数码实业有限公司、西安开米股份有限公司和西安市仁里小区三个研究区域进行了沉降监测。根据监测结果,神州数码 3 个沉降监测点在监测期内分别回弹 4 mm、2 mm、7 mm,仁里小区 6 个沉降监测点在监测期内出现 1~7 mm 的回弹,开米股份两个沉降监测点相对建筑物沉降量分别为 3 mm、1 mm。分析原因是,热泵系统运行年限较短时,会产生地面沉降,但随着运行时间的延长,距抽水井不同距离处的沉降量趋于稳定,系统停运期间,地面出现回弹。神州数码抽水井距建筑物距离为 13~19.2 m,开米股份抽水井距建筑物距离为 26~36.5 m,仁里小区抽水井距建筑物距离为 7~11.2 m。

西安市国际港务区迎宾大道以西的枫林九溪小区地下水源热泵项目位于西安城区的东北角,地处灞河河漫滩,运行状况良好,抽灌井群数量共计 45 口,抽灌比约 1∶2.5,单井出水量为 70~80 cm³/h,渗透系数为 8~13 m/d,依据钻孔揭露地层,0~3 m 左右为粉土;3~60 m 左右为细中砂、中砂与粉质黏土不等的互层;60~187 m 左右为薄层粉质黏土与厚层的细砂互层。砂槽试验以枫林九溪小区为物理模型,具体方案和设计见第 4 章,开展了渗透系数为 10.9 m/d、抽灌比为 1∶2、抽灌流量为 0.16 m³/h 条件下抽灌井与模拟建筑物之间不同距离和不同上覆荷载条件下的试验,模拟冬季供暖条件下水源热泵的运行。因此,所做模型的相关结论可代表西安城区东北部、西安浐灞区,以及西安的河漫滩地区,同时,也可作为西安市内的渭河、沣河及泾河周边的参考。试验结果表明,随着上覆荷载质量的增加,模拟建筑物与抽灌井之间的安全距离也增加。模拟建筑物与抽灌井之间的距离和上覆荷载之间的关系式是:$y = 22.668 \ln x - 20.037$,试验中模拟建筑物平均荷载值为 175.4 kg/m²,以一栋三层的住宅楼为例,代入公式得建筑物与抽灌井距为 17.6 m,即为试验条件下的安全距离。

神州数码实业有限公司位于西安市西南部,园区内现阶段在使用的有 7 个抽、灌井,距热泵井较近的建筑物主要有餐厅和研发办公楼,8#井距餐厅约 20 m,4#、5#、6#井距研发办公楼为 17.6 m,2#井距研发办公楼 16.4 m。运行方案为 1 抽 6 灌(4#抽水井,1#、2#、5#、6#、7#、8#灌水井),抽水量为 1 200 m³/d。神州数码科技园区钻孔岩性大致分为 5 层,埋深 0~50 m 为第一层,以黏土为主。埋深 50~80 m 为第二层,以中细砂、中细砂含砾为主。埋深 80~110 m 为第三层,以黏土为主。埋深 100~130 m 为第四层,以中细砂为主。埋深 130~150 m 为第五层,以黏土为主,夹有 2 层中细砂或细砂,厚 1.6~3.6 m。其中,第二层和第四层为主要的含水层,滤管长度都为 15 m。第二层滤管位置为埋深 51~66 m 处,第四层滤管位置为埋深 115~130 m。

　　基于室内砂槽试验及西安城区典型野外试验场地(神州数码科技园)资料及监测数据,利用 COMSOL Multiphysics 有限元仿真数值模拟软件构建了能反映西安地区水文地质特征的 THCM(渗流场、温度场、化学场和应力场)四场耦合模型,模型应力场的识别采用解析解、GMS 中 SUB 模块及 COMSOL Multiphysics 对 1 抽 1 灌算例的计算结果对比验证,结果表明所建 THCM 模型能较好地用于应力场的模拟预测。模型计算出,热泵系统运行一个周期内,相同抽灌比条件下距抽水井距离越远,最大沉降量和永久沉降量越小;随着回灌井数增大,距抽水井相同距离处最大沉降量及永久沉降量都是逐渐增大的,主要是受水位下降影响的区域范围大,因此抽水井抽水引起地面沉降范围增大。

　　THCM 模型研究成果表明,水源热泵系统运行最合理的抽灌比是 1 抽 4 灌。在 1 抽 4 灌布局下,水源热泵系统运行一个周期内,距抽水井 10 m、20 m、30 m、40 m 处的最大沉降量分别是 3.8 mm、2.71 mm、1.88 mm、1.28 mm,永久沉降量分别是 1.06 mm、1.05 mm、0.96 mm、0.83 mm。热泵系统运行了 1 年、3 年、5 年后距离抽水井 10 m 处产生的最大沉降量分别为 3.8 mm、3.94 mm、3.99 mm,产生的永久沉降量分别为 1.06 mm、1.3 mm、1.32 mm,随着系统运行年限的延长,产生的最大沉降量和永久沉降量趋于稳定。建筑物与抽灌井之间的合理距离应根据不同建筑物类型对地基变形允许值来确定。热泵井在一个周期内产生最大沉降量 3.8 mm 和永久沉降量 1.06 mm 对研究区域地基允许沉降量 400 mm 来说是可接受的,因此建筑物与抽灌井之间的距离不低于 10 m 是安全的。

　　根据野外实地监测结果,本项目综合采用室内砂槽试验和建立数学模型两种研究方法,定量分析地下水抽回灌对含水层应力场的影响,从而得出抽灌井距建筑物的最优安全距离。参照《管井技术规范》(GB 50296—2014)中的热源管井与建筑物的距离不小于 10 m 的标准,建筑物与抽灌井之间的合理距离应不低于 10 m,具体值应根据不同建筑物类型和场地条件确定。

第 7 章　结论与建议

7.1　结　论

　　根据该研究项目的目标及特点,结合野外调研及现场监测、室内砂槽试验、数学模型等工作,最终得出以下主要结论:

　　(1)对西安市 36 家单位地下水源热泵系统进行调研,西安市地下水源热泵项目主要利用 300 m 深度以内的潜水与承压水,单井出水量在 40~150 m³/d,井间距 20~50 m,距离主要建筑物的距离除个别项目小于 10 m 外,大部分都在 15~50 m,抽灌井比例大部分是 1:2 和 1:3,抽灌比大于 1:4 的项目目前使用状况都是良好。经核实目前项目使用良好的有 19 个,继续使用但存在问题的有 7 个,(准备)废弃或未启用的项目有 10 个。对 16 个项目制冷季和采暖季的回灌率进行了计算,制冷季有 4 个项目不能满足水源热泵空调系统水损耗不小于 5% 的要求,2 个项目的回灌率低于 90%,略差;采暖季有 2 个项目不能满足水源热泵空调系统水损耗不小于 5% 的要求,3 个项目的回灌率低于 90%,1 个项目的回灌率低于 80%,较差。回灌困难的主要原因是没有定期洗井或者水的含沙量大,废弃或停用的主要原因是供能不足、后期维修费用高、厂址搬迁、公司停产、公司倒闭等。对 26 个正在使用的项目井位图分析,其中 10 个项目抽灌井分布于围绕场地的外围矩形边界上,10 个直线型分布,6 个 L 型分布。

　　(2)对西安仁里、开米和神州数码 3 个典型小区地下水源热泵抽、回水井以及监测井的水位、水温及地面沉降的现场监测结果显示:

　　①水位:神州数码和仁里小区的抽灌井运行较好,系统运行期间,抽水井水位在静水位与动水位之间进行有规律的单向波动,抽水井和回水井水位呈现反向效应且波动较小,而开米股份的抽水井和回水井波动太大,初步考虑是由于开米股份为新成井,抽水地层没有形成良好的循环模式。

　　②水温:供暖期回水井温度与初始温度(水源热泵系统运行前温度)相比均有所降低,但整体上抽水井温度高于回水井温度,抽水井出水温度变化较小。监测过程中神州数码与仁里小区项目没有发生热贯通现象;开米股份系统运行期间在一定程度上降低了抽水井的出水温度。

　　③地面沉降:系统运行年限较短时,会产生地面沉降,但随着热泵系统运行年限的延长,距抽水井不同距离处的沉降量趋于稳定,系统停运期间,地面出现回弹,监测没有发现沉降。监测发现开米股份系统运行期间井相对建筑物产生了 1~3 mm 的沉降。

　　(3)以神州数码科技园地质特征(地貌单元为一级阶地,渗透系数为 29.6 m/d,单井出水量为 80 m³/d)为基础,建立 THCM 四场耦合模型,结果表明,主要考虑避免热贯通且考虑水量均衡时,地下水源热泵系统最合理的抽灌比为 1 抽 4 灌,最佳布井方式为直线型同侧布局。抽灌水量为 1 200 m³/d 时,回水温差 6 K、8 K、10 K 所对应的合理井间距分别为 29 m、31 m、34 m。当回水温差为 8 K 时,抽灌水量 800 m³/d、1 200 m³/d、1 400 m³/d 所对应的合理井间距分别为 27 m、31 m、33 m。当抽灌量为 2 500 m³/d,回灌水温差为 12 K,合理井距为 56 m 左右。

(4)以神州数码场地条件构建模型基础上,考虑单井抽水量为 1 200 m³/d、回水温差为 8 K 时 1 抽 4 灌的情况,模型计算在热泵系统运行了 1 年、3 年、5 年后距离抽水井 10 m 处产生的最大沉降量分别为 3.8 mm、3.94 mm、3.99 mm,产生的永久沉降量分别为 1.06 mm、1.3 mm、1.32 mm,趋于稳定。沉降监测的三个项目中,神州数码运行 7 年,仁里小区运行 4 年,开米股份运行 1 年,监测显示前两者都没有沉降,开米股份有 1~3 mm 的沉降,模型计算结果与实际监测结果规律相一致。

(5)砂槽试验得出,渗透系数为 10.9 m/d,采灌系统为 1 抽 2 灌,单井出水量为 70~80 cm³/h 的条件下,当建筑物的楼层为 2~6 层的低层建筑物时,采灌系统与建筑物的合理间距范围为 8.4~33.3 m;模型计算出距抽水井 10 m 处,热泵井在一个周期内产生最大沉降量 3.8 mm 和永久沉降量 1.06 mm,这对研究区域地基允许沉降量 400 mm 来说是可接受的;结合实地调研、砂槽试验和数学模型成果,参照 GB 50296—2014 中的热源管井与建筑物的距离标准,最终确定的建筑物与抽灌井之间的合理距离应不小于 10 m,具体值应根据不同建筑物类型对地基变形允许值和场地条件确定。

(6)在灌注水水质未产生较大变化前提下,热泵系统对地下水水质的周期循环有一定的影响,但影响范围不大。抽灌期流场中水化学成分变化不大,水体的 TDS 稍有升高,停运期 TDS 浓度升高的现象会得到缓解。由水化学反应路径模拟和多矿物平衡分析法得出,受温度及采灌系统材质、水岩反应的影响,水源热泵运行过程中发生沉淀的主要成分是以赤铁矿、菱铁矿为主的含铁类矿物。

7.2　建　议

(1)由于地下水源热泵的应用受地域限制较多,不同水质地层结构、不同地区的不同政策将对水源的出水、打井投资、回灌技术等提出不同程度的要求。在已有的水源热泵技术应用中,目前的设计安装理论很不成熟,往往以现场试验的热响应资料反求模型参数,忽略现有的水文工程地质资料资源,无法准确优化设计和安装,因此应加强设计安装与水文地质资料的联合应用研究工作。

(2)井水回灌效果对地下水源热泵系统的推广应用至关重要,所以应加强管理及回灌效果观测,确保项目回灌率达到 100% 以上,若无法满足 100% 回灌时,至少应保证所有提取的地下水返回到水源补充地,确保地下水源长期保持水位的稳定。

(3)由于水文地质条件是影响回灌量的主要因素,所以同时应结合当地的地质、工程场地等实际情况来考虑回灌方式和类型,积极研究提高井水回灌可靠性,并对井水采用“冬灌夏用”和“夏灌冬用”等新技术,进一步提高地下水源热泵系统的运行效率。

(4)鉴于本次调研中各方资料千差万别,给资料的分析研究运用带来很多问题与困难,建议有关职能部门尽快制定地下水源热泵相关的工况标准、技术标准和设计规范,以及运行操作标准,为今后水源热泵开发与管理提供技术支撑。

参 考 文 献

[1] 李世君,刘文臣,辛宝东.北京地区地下水源热泵利用现状及存在问题[J].城市地质,2006,1:16-20.

[2] 贾惠艳,等.地下水源热泵 THMC 耦合机理初探[J].工程勘察,2015,2:52-56.

[3] 韩松俊,胡和平,田富强.基于水热耦合平衡的塔里木盆地绿洲的年蒸散发[J].清华大学学报(自然科学版),2008,48(12):2070-2073.

[4] 孟春雷.陆面过程模式中土壤蒸发与水热耦合传输的进一步研究[D].北京:北京师范大学地理学与遥感科学学院,2006.

[5] 王成.群井抽灌地下 TH 耦合模型及影响因素研究[D].长春:吉林大学,2010.

[6] 孙昭首,张强,王胜.土壤水热耦合模型研究进展[J].干旱气象,2009,27(4):373-380.

[7] Harlan R L. Analysis of coupled heat-fluid transport in partially frozen soil[J]. Water Resources Research,1973,9(5): 1314-1323.

[8] Taylor G S,Luthin J N. A model for coupled heat and moisture transfer duringsoil freezing[J]. Canadian Geotechnical Journal, 1978, 15(4):548-555.

[9] Anderson D M,Pusch R,Penner E. Physical and thermal properties of frozen ground:geotechnical engineering for cold regions[C]. Ottawa:McGra-Hill,1978:143-169.

[10] Chiasson A D,Rees S J,Spiter J D. A preliminary assessment of the effects ofgroundwater flow on closed-loop ground-source heat pump systems[J]. ASHRAE Transactions,2000,106 (1): 380-393.

[11] H J L Witte. Geothermal Response Tests with Heat Extraction and Heat Injection:Example of Application in Research and Design of Geothermal Ground Heat Exchangers, 2001, Proceed - ings Workshop "Geothermische Response Tests",Lausanne.

[12] Min Li, Nai-ren DIAO ,Zhao-bong FANG. Analysis of seepage flow in a confinedaquifer with a standing column well [J]. Journal of Hydrodynamics, 2007,19 (1):84-91.

[13] Hikari Fujii, et al. Development of suitability maps for ground-coupled heat pump systems using groundwater and heat transport models[J]. Geothermics, 2007,36(5): 459-472.

[14] Biot M A. Theory of elasticity and consolidation for a porous anisotropic solid[J]. Appl Phys,1955,26: 182-185.

[15] Biot M A. General solutions of the equation of elasticity and consolidation for a porous material[J]. Appl Phys, 1956, 27:240-253.

[16] Rice J R, Cleary M P. Some basic stress diffusion solutions of fluid saturation elastic porous media with compressible constituents [J]. Rev Geophys SpacePhys, 1976, 14: 227-241.

[17] Hubbert M K, Willis D G. Mechanics of hydraulic fracturing[J]. Petrol Tech,1957,9:153-168.

[18] 张远东,等.地下水源热泵采能的水-热耦合数值模拟[J].天津大学学报,2006,39(8):907-912.

[19] Haimson B C, Fairhurst C. Initiation and extension of hydraulic fractures in rocks [J]. Soc Petrol Eng J,1967:310-318.

[20] Geertsma J, Deklerk F. A rapid method of predicting width and extent of hydraulically induced fractures [J]. J Petrol Tech, 1969, 21:1571-1581.

[21] Snow D T. A parallel plate model of fractured permeable media[D]. Berkeley:University of California, 1965.

[22] Sandhu R S, Wilson E L. Finite-element analysis of seepage in elastic media[J]. Eng Mech Div ASCE, 1969,95:641-652.

[23] Noorishad J. Finite element analysis of rock mass behavior under coupled actionof body forces, fluid flow, and external loads[J]. Berkeley: University of California,1971.

[24] Ghaboussi J, Wison E L. Flow of compressible fluids in porous elastic media[J]. Int J Numer Methods Eng, 1973, 5:419-442.

[25] Gambolati G P, Freeze A. Mathematical simulation of the subsidence of Venice. I. Theory[J]. Water Resour Res, 1973, 9:721-733.

[26] Noorishad J, Ayatollahi M S, Witherspoon P A. A finite element method forcoupled stress and fluid flow analysis of fractured rocks[J]. Int J Rock Mech Mining Sci Geomech,1982, 19:185-193.

[27] Jing L, Hudson J A. Numerical methods in rock mechanics[J]. Int J Rock Mech Mining Sci ,2002, 39: 409-427.

[28] Barton N R, Bandis S, Bakhtar K. Strength, deformation and conductivitycoupling of rock joints[J]. Int J Rock Mech Mining Sci Geomech Abstr,1985,22:121-140.

[29] Walsh J B. Effects of pore pressure and confining pressure on fracturepermeability[J]. Int J Rock Mech Mining Sci GeomechAbstr, 1981,18:429-435.

[30] Oda M. Fabric tensor for discontinuous geological materials[J]. Soils Found, 1982,22:96-108.

[31] Lanru Jing. Fluid Flow and Coupled Hydro-Mechanical Behavior of Rock Fractures[J]. Developments in Geotechnical Engineering,2007,85:111-144.

[32] Jonny Rutqvist,Ove Stephansson. The role of hydromechanical coupling infractured rock engineering[J]. Hydrogeology Journal, 2003,11(1): 7-40.

[33] 李培超,孔祥言,卢德唐.饱和多孔介质流固耦合渗流的数学模型[J].水动力学研究与进展,2003, 18(4):419-426.

[34] 张玉军.核废料地质处置概念库 HM 耦合和 THM 耦合过程的二维离散元分析与比较[J].工程力学,2008,25(4): 219-223.

[35] 喻萌.基于 ANSYS 的输流管道流固耦合特性分析[J].中国舰船研究,2007,2(5):54-57.

[36] 钱若军,董石麟,袁行飞.流固耦合理论研究进展[J].空间结构,2008,14(1): 3-15.

[37] 朱万成,等.流固耦合模型用于陷落柱突水的数值模拟研究[J].地下空间与工程学报,2009,(5): 928-933.

[38] 朱洪来,白象忠.流固耦合问题的描述方法及分类简化准则[J].工程力学,2007,24(10): 92-99.

[39] 吴云峰.双向流固耦合两种计算方法的比较[D].天津:天津大学,2009.

[40] 周创兵,等.岩体结构面 HM 耦合分析的界面层模型[J].岩石力学与工程学报,2008, 27(6):1081- 1093.

[41] 陈颙,吴晓东,张福勤.岩石热开裂的实验研究[J].科学通报,1999,44(8):880-883.

[42] 李连崇,等.岩石破裂过程 THMD 耦合数值模型研究[J].计算力学学报,2008,25(6):764-769.

[43] 许锡昌.花岗岩热损伤特性研究[J].岩土力学,2003, 24(增):188-191.

[44] 于庆磊,郑超,杨天鸿,等.基于细观结构表征的岩石破裂热-力耦合模型及应用[J].岩石力学与工程学报,2012, 31(1): 42-51.

[45] 王铁行,李宁,谢定义.土体水热力耦合问题研究意义、现状及建议[J].岩土力学,2005,26(3): 488-493.

[46] 高小平,杨春和,吴文,等.温度效应对盐岩力学特性影响的试验研究[J].岩土力学,2005, 26 (11):1775-1778.

[47] 高小平,盐岩力学特性时温效应实验研究及其本构方程[D].武汉:中国科学院武汉岩土力学研究 所,2005.

[48] 刘泉声,许锡昌.温度作用下脆性岩石的损伤分析[J].岩石力学与工程学报,2000, 19(4):408- 411.

[49] 付俊鹏,马贵阳.饱和含水冻土区埋地管道水热力耦合数值模拟[J].油气储运,2012, 31(10):746- 749.

[50] 胡继华,地下水源热泵水力学机理及其对地下温度场影响研究[D].长春:吉林大学,2009.

[51] 王成.群井抽灌地下 TH 耦合模型及影响因素研究[D].长春:吉林大学,2010.

[52] Albrecht H, Langer M, Wanner M. Thermomechanical effects and stability problems due to nuclear waste disposal in salt rock[C]. Stockholm: International Society for Rock Mechanics, 1980.

[53] Seipold U. Temperature dependence of thermal transport properties of crystallinerocks−a general law[J]. Tectono physics, 1998, 291:161-171.

[54] Sibbitt W L, Dodson J G, Tester J W. Thermal conductivity of crystalline rocks associated with energy extracion from hot dry rock geothermal systerms[J]. Geophys Res, 1979, 84: 1117-1124.

[55] Hans-Dieter Vosteen, Rudiger Schellschmidt. Influence of temperature on thermal conductivity, capacity and thermal diffusivity for different types of rock[J]. Physics and Chemistry of the Earth, 2003, 28:499- 509.

[56] Taras V. Gerya, David A. Yuen. Robust characteristics method for modeling multiphase visco−elasto− plastic thermo−mechanical problems[J]. Physics of the Earth and Planetary Interiors, 2007,163(1−4): 83-105.

[57] Masanori Kameyama, David A. Yuen, Shun−Ichiro Karato. Thermal−mechanical effects of low−tempera- ture plasticity (the Peierls mechanism) on the deformation of a viscoelastic shear zone[J]. Earth and Planetary Science Letters, 1999,168: 159-172.

[58] J Y Cognard, P Ladeveze, P Talbot. A large time increment approach forthermo−mechanical problems [J]. Advances in Engineering Software 1999,30(9−11):583-593.

[59] Regenauer−Lieb, K,Yuen, D. Positive feedback of interacting ductile faults fromcoupling of equation of state, rheology and thermal − mechanics [J]. Physics of the Earth and Planetary Interiors, 2004, 142(1−2):113-135.

[60] 方振.温度−应力−化学(TMC)耦合条件下岩石损伤模型理论与实验研究[D].长沙:中南大学, 2010.

[61] 张强林,王媛.岩体 THM 耦合模型控制方程建立[J].西安石油大学学报(自然科学版),2007,22 (2):139-145.

[62] 张强林,王媛.岩体 THM 耦合应用研究现状综述[J].河海大学学报(自然科学版),2007,35(5): 538-541.

[63] Bower KM,Zyvoloski G. A numerical model for thermo-hydro-mechanicalcoupling in fractured rock[J]. Int J Rock Mech Min Sci,1997,34(8):1201-11.

[64] Gawin D, Schrefler B A. Thermo-hydro-mechanical analysis of partially saturatedporous materials[J]. Eng Computi,1996,13(7):113.

[65] Thomas Nowaka,Herbert Kunza,David Dixonb,et al. Coupled 3−Dthermo-hydro-mechanical analysis of geotechnological in situ tests[J]. International Journal of Rock Mechanics and Mining Sciences, 2011,

48(1):1-15.

[66] Rutqvist J, Wu Y S, Tsang C-F, et al. A Modeling Approach for Analysis of Coupled Multiphase Fluid Flow, Heat Transfer, and Deformation in Fractured Porous Rock [J]. International Journal of Rock Mechanics and Mining Sciences,2002, 39: 429-42.

[67] C F Tsang, J D Barnichonc, J Birkholzera,et al. Coupledthermo-hydro-mechanical processes in the near field of a high-level radioactivewaste repository in clay formations[J]. International Journal of Rock Mechanicsand Mining Sciences,2012,49(1):31-44.

[68] 冯夏庭,等. 结晶岩开挖损伤区的 THMC 研究[C]//武汉:第九届全国岩土力学数值分析与解析方法讨论会,2007.

[69] 冯夏庭,丁梧秀. 应力-水流-化学耦合下岩石破裂全过程的细观力学试验 [J]. 岩石力学与工程学报,2005,24(9):1465-1473.

[70] 申林方,冯夏庭,潘鹏志. 单裂隙花岗岩在应力-渗流-化学耦合作用下的试验研究[J]. 岩石力学与工程学报,2010,29(7):1379-1388.

[71] 鲁祖德,等. 裂隙岩石的应力-水流-化学耦合作用试验研究 [J]. 岩石力学与工程学报,2008,27(4): 796-804.

[72] T S Nguyena, L Borgessonb, M Chijimatsuc,et al. Hydro-mechanical response of a fractured granitic rock mass to excavation of a test pit—the Kamaishi Mineexperiment in Japan[J]. International Journal of Rock Mechanics and Mining Sciences, 2001,38(1):79-94.

[73] Guvanasen V, Chan T. A New Three-Dimensional Finite-Element Analysis of Hysteresis Thermohydromechanical Deformation of Fractured Rock Mass with Dilatance in Fractures. Proceedings of the Second Conference on Mechanics of Jointed and Faulted Rocks. Technical University of Vienna, 347-442. 1995 [C]. Vienna:1995.

[74] Kohl T,Hopkirk R J. The Finite Element Program "Fracture" for the Simulation of Hot Dry Rock Reservoir Behavior [J]. Geothermics, 1995, 24:345-359.

[75] Ohnishi Y, Kobayashi A. THAMES [C]// Stephansson O, Jing L, Tsang C-F. Coupled Thermo-Hydro-Mechanical Processes of Fractured Media Developments in Geotechnical Engineering. Amsterdam: Elsevier Science, 1996:545-549.

[76] Noorishad J, Tsang C-F,Witherspoon P A. Coupled Thermal-Hydraulic-Mechanical Phenomena in Saturated Fractured PorousRocks:Numerical Approach[J]. Journal of Geophysical Research,1984,89:10365-10373.

[77] Nguyen T S. Description of the computer code FRACON. In:Stephansson, O. ,Jing,L. , Tsang,C. -F. (Eds.),Coupled Thermo-Hydro-Mechanical Processes of Fractured Media. Developments inGeotechnical Engineering, vol. 79. Elsevier:539-544.

[78] Bower K M, Zyvoloski G. A Numerical Model for Thermo-Hydro-Mechanical Coupling in Fractured Rock [J]. International Journal of Rock Mechanics and Mining Sciences, 1997, 34: 1201-1211.

[79] Swenson D V, DuTeau R, Sprecker T. A Coupled Model of Fluid Flowin Jointed Rock Applied to Simulation of a Hot Dry Rock Reservoir [J]. International Journal of Rock Mechanics and Mining Sciences, 1997, 34: 308.

[80] Rohmer J, Seyedi D M. Coupled Large Scale Hydromechanical Modelling for Caprock Failure Risk Assessment of CO_2 Storage in Deep Saline Aquifers [J]. Oil & Gas Science and Technology: Rev IFP, 2010, 65(3): 503-517.

[81] Liu Q, Zhang C, Liu X. A practical method for coupled THM simulations of the Yucca Mountain and

FEBEX case samples for task D of the DECOVALEX- THMC Project[C]. Proceedings of GEOPROC 2006 Internationalsymposium: Second International Conference on Coupled Thermo-hydro-mechanical-che-mical processes in Geosystems and Engineering, HoHai University, Nanjing, China, 2006: 220-225.

[82] A Gens, L do N Guimaraes, S. Olivellal et al. Modellingthermo-hydro-mechano-chemical interactions for nuclear waste disposal[J]. Journal of Rock Mechanics and Geotechnical Engineering, 2010, 2(2): 97-102.

[83] 高宗军, 等. 均匀渗流场中地下水运动差异性沙槽试验研究[J]. 水文, 2014, 2: 14-19.

[84] 周维博, 等. 西安市水源热泵空调系统抽回灌井试验研究报告[R]. 2012.

[85] 陈崇希. 地下水流动问题数值方法[M]. 北京: 中国地质大学出版社, 1999.

[86] 李培超, 孔祥言, 卢德唐. 饱和多孔介质流固耦合渗流的数学模型[J]. 水动力学研究与进展, 2003, 18(4): 419-426.

[87] 冉启全, 李士伦. 流固耦合油藏数值模拟中物性参数动态模型研究[J]. 石油勘探与开发, 1997, 24 (3): 61-65.

[88] 朱家玲, 等. 含水层储能影响因素分析[J]. 工程热物理学报, 2009, 30(12): 2003-2006.

[89] Perkins T K, Kern L R. Widths of hydraulic fractures[J]. Petrol Tech Sept, 1961: 937-949.